식물학자 유기억 교수의

그 산 그 꽃

식물학자 유기억 교수의

그 산 그 꽃

유기억 글과 사진

황소걸음
Slow&Steady

　전공이 식물분류학인지라 식물을 관찰하고 실험 재료를 수집하기 위해 1년 365일 가운데 100일 넘게 산을 누비고 다닌 지 어느덧 35년이 지났다. 식물 한 종을 찾느라 온종일 산을 헤맨 날도 있고, 길을 잃고 헤매다가 엉뚱한 곳으로 내려온 날이 허다했다. 어두워진 산에서 가도 오도 못해 노숙한 날도 있고, 어렵게 찾은 풀을 사진에 담으려다 똬리를 튼 뱀과 눈이 마주치기도 했다. 그렇게 한 해를 보내다 11월 말쯤 되면 산 이야기만 들어도 진저리가 나고, 매번 점심으로 먹은 김밥은 보기도 싫어진다. 그러나 해가 바뀌고 봄이 가까워오면 언제 그랬느냐는 듯 식물 조사 계획을 세운다. 산은 나와 떼려야 뗄 수 없는 운명이라는 생각이 든다.

　지금까지 다닌 산은 주로 강원도에 있다. 산악 지대고 좋은 자연환경 덕분에 국립공원이나 생태계보전지역으로 지정된 곳이 많기도 하지만, 이 지역에 살고 식물을 공부하는 학자로서 적어도 강원도 식물은 책임져야 한다는 생각이 컸기 때문이다. 같은 장소에 여러 번 다녀오기도 하고, 사람들이 찾지 않는 곳도 꼭 가봐야 하는 대상지가 됐다. 덕분에 다시는 가지 말아야 할 산 목록까지 얻었다. 이런 일을 반복한 경험은 그 지역 숲의 특징, 그곳에서 자라는 다양한 식물 분포에 대한 알곡 같은 내용으로 차곡차곡 쌓였다. 이런저런 이유로 그 산에 가면 꼭 봐야 할 식물도 생겼다.

《그 산 그 꽃》은 이런 정보를 나누려고 썼다. 우선 지금까지 다녀온 강원도의 많은 산 가운데 식물분포가 인상 깊은 30곳을 선정하고, 위치와 길 정보, 숲의 특징, 식물 종의 구성, 그곳에 가면 꼭 만나봐야 할 식물 한 종의 자생지 특징, 유래, 유사한 종류와 다른 점, 학명의 뜻, 용도 등을 설명했다. 여러 차례 다녀온 곳은 그때마다 관심 있게 봐둔 식물군락도 기록해 자료의 풍성함을 더했으며, 방문한 날짜나 방문하기 좋은 시기를 제목 아래 표기했다. 꼭 만나봐야 할 주인공 식물은 이름과 형태적 특징, 식물학적 중요성 등을 한 페이지에 따로 정리했다. 현장에서 찍은 숲과 산길 사진, 원고에 등장하는 식물이나 주인공 식물과 형태적으로 비슷한 종의 사진도 실어 그 산과 그 꽃을 이해하는 데 도움이 되도록 했다.

요즘 여림與林이란 단어를 마음에 품고 있다. '숲과 더불어' '항상 숲과 함께' '좋은 사람들과 함께'라는 뜻이다. 이 책도 산과 숲, 풀과 나무를 좋아하는 사람들과 함께 나누고 싶다. 끝으로 책이 밝은 빛을 볼 때까지 꾸준히 격려해준 가족, 내용을 다듬고 완성도를 높이는 데 애써준 도서출판 황소걸음에 감사의 말씀을 전한다.

2022년 봄
유기억

01

광덕산과 모데미풀

4월 16일, 9월 27일

　광덕산(1046.3m)은 강원도 철원군 서면과 화천군 사내
면, 경기도 포천시 이동면에 걸쳐 있다. 식물이 560여 종
이나 분포하고 신갈나무 숲이 발달해서 한마디로 표현하
면 '봄 계곡은 들꽃 천국이요, 가을에 단풍과 주변 경관이
최고인 산'이다. 정상부에 자리 잡은 조경철천문대에서 북
쪽으로 상해봉과 그 너머 복계산, 맨 뒤쪽에 뾰족한 대성
산 정상이 보이는데, 가을에는 이보다 아름다운 풍광을 찾
기 어렵다.

모데미풀

　광덕산 정상으로 가는 길은 여럿이다. 경기도 쪽에서 출발하면 백운계곡 근처에서 박달봉을 거쳐 가는 능선 길, 광덕고개를 지나 큰골입구에서 능선을 만나 가는 길, 강원도 쪽에서 출발하면 철원군 서면과 경기도의 경계인 자등현에서 능선을 만나 가는 길, 가장 많이 이용하는 광덕고개 아래 광덕2리에서 계곡을 따라 난 길이 있다.

　2009년부터 이른 봄이면 항상 광덕계곡을 찾는다. 우리나라 특산 식물인 모데미풀을 보기 위해서다. 하천과 나

홀아비바람꽃 군락

란한 군 작전 도로를 가다 보면 계곡 지류가 눈에 들어온
다. 사람들이 드나든 흔적을 따라 들어가면 계곡 주변으
로 봄 식물군락이 산수화처럼 펼쳐진다. 졸졸 흐르는 물소
리와 함께 수줍은 듯 고개를 들기 시작하는 홀아비바람꽃,
흰 꽃이라면 뒤질세라 한 뿌리에서 여러 줄기를 내는 모데
미풀, 습지식물의 대명사인 동의나물, 맹독성 미치광이풀,
계곡 사면을 수놓은 붉은 꽃이 매력적인 얼레지 등 식물
종의 다양성이 이루 말할 수 없을 정도다.

얼레지 군락

　광덕산 모데미풀 군락은 크게 계곡 위쪽과 하천이 넓어
지고 길도 험해 사람들 발길이 적은 아래쪽으로 나뉜다.
아래쪽에는 누군가 모데미풀 군락 주변을 주먹만 한 돌멩
이로 동그랗게 만들었다. 모데미풀을 귀히 여기는 이의 마
음을 보는 듯해 고맙고 흐뭇하다.

　모데미풀은 전 세계에서 우리나라에만 나는 1속 1종 희
귀 식물이다. 용문산, 점봉산, 응복산, 계방산, 대관령, 태

모데미풀을 보호하기 위한 돌멩이 표시

기산, 청태산, 태백산, 소백산, 덕유산, 제주도 등 해발 770~1440m 산지에 자생한다. 광덕산 모데미풀 자생지는 해발 820~860m 근처다. 1935년 일본 식물학자 오이 지사부로大井次三郎가 사초과Cyperaceae 식물을 채집하러 지리산으로 답사 갔다가 전북 남원시 운봉읍 모데미골 풀밭에서 우연히 발견했다.

모데미풀이라는 이름도 발견한 장소에서 유래했다고 전해지는데, 나는 좀 다르게 보고 싶다. 국어사전에 보면 무더기는 '한데 수북이 쌓였거나 뭉쳐 있는 더미나 무리를 세는 말'이라고 나온다. 뿌리 하나에서 올라오는 줄기가 무더기로 자라서 모데미풀이라 하지 않았을까? 모데미골은 모데미풀을 발견한 곳이라 붙은 이름이 아닐까? 모데미풀이 자라는 모습을 보면 이런 생각이 든다.

모데미풀은 형태적으로 금매화속Trollius과 비슷한데, 줄기 하나에 꽃이 한 송이 달리고, 바로 아래 보호기관인 총포엽 한 장 외에 줄기에 다른 잎은 없다는 점이 다르다. 총포엽 형태로 보면 너도바람꽃속Eranthis과 아주 비슷한데, 꽃자루 길이가 5mm 정도로 짧고, 열매는 여러 개가 방사상으로 배열하며, 끝에 암술대가 붙었고, 종자는 검은색으로 평활해 구별된다. 한동안 모데미풀의 속으로서 타당성에 대해 꽃가루의 특징이 금매화속과 유사하므로 두 속을 통합해야 한다고 주장한 학자도 있지만, 다른 학자는 형태가 금매화속보다 우리나라에 분포하지 않는 *Calathodes*속에 가까운 것으로 보고 독립된 속으로 인정해야 한다고 주장했다.

모데미풀은 대부분 계곡 하천의 시작부나 북사면의 습한 곳에서 자란다. 강원도 인제군의 점봉산에는 개체 수가 많고 군락도 예쁘게 형성됐다. 제주도 모데미풀 자생지는 담당 기관의 허가 문제 때문에 가보지 못했는데, 지금도 아쉬움으로 남는다. 꽃자루가 가지를 치는 귀한 표본이 있어 그나마 다행이다.

모데미풀의 속명 *Megaleranthis*는 그리스어 Mega(크다)와 너도바람꽃속Eranthis의 합성어로 '너도바람꽃속보다 크다'라는 뜻이고, 종소명 *saniculifolia*는 '산형과Umbelliferae 참반디속Sanicula 식물의 잎과 비슷하다'라는 뜻이다. 줄기 전체를 관상용으로 사용한다.

유사종 : 금매화

미나리아재비과

지방명 금매화아재비, 운봉 금매화

분포 강원, 경기, 경북, 전 북, 전남, 제주

용도 관상용

특기 사항 한국 특산 식물, 적색 목록 위기종, 식물구 계학적 특정 식물 Ⅲ등급

모데미풀 *Megaleranthis saniculifolia* Ohwi

여러해살이풀로 높이 20~40cm, 뿌리에서 줄기가 여러 개 나 온다. 줄기 윗부분에 달리는 총포엽 1장은 뿌리에서 올라 오는 잎과 비슷하게 생긴 보호기관이다. 뿌리에서 나온 잎 은 긴 잎자루 끝에 3개로 갈라져 달리고, 각각 다시 여러 개 로 나뉜다. 꽃은 5월에 흰색으로 피고, 총포엽 위에 있는 약 5mm 꽃자루 끝에 1송이씩 달린다. 꽃받침조각과 꽃잎은 5개씩이고, 수술과 암술이 많다. 열매는 익으면 봉합선 1개 가 열리며 씨를 방출하는 골돌(蓇葖)로, 끝에 암술대가 붙었 다. 씨는 검은색이다.

02
능경봉과 노랑무늬붓꽃

5월 1일, 8월 31일

내게도 특별한 날이 있다. 해마다 5월이면 평창군 대관령면에 있는 국립식량과학원 고령지농업연구소에서 근무할 때 인연을 맺은 능경봉(1123m)에 간다. 능경봉은 옛 영동고속도로(지방도 456호선)의 대관령휴게소에서 강릉 방향 오른쪽이다. 왼쪽에는 대관령양떼목장과 선자령이 있다.

능경봉에는 식물 약 440종이 자생하며, 숲은 신갈나무가 우점하고 굴참나무와 물오리나무, 층층나무, 물푸레나무가 큰키나무 층을 구성한다. 그 아래는 당단풍나무와 회

능경봉의 들꽃 군락

금강애기나리

나무, 신나무, 붉나무, 고추나무, 참회나무, 참싸리가 우점
하고, 초본층은 미역취와 뱀고사리, 실청사초, 마타리, 족
도리풀, 큰까치수염, 금강애기나리, 피나물, 연령초, 모시
대 등이 넓은 지역에 분포한다.

능경봉에 가는 길은 둘이다. 하나는 횡계 시내에서 출발
해 오목골을 통해 고루포기산을 등반하고, 전망대와 능경
봉을 거쳐 대관령휴게소로 내려오는 약 10km 코스다. 다
른 하나는 대관령휴게소에서 출발해 약수터를 지나 정상

풀솜대

에 오르고 되짚어 내려오는 왕복 3.6km 코스로, 산행 거리가 짧고 사계절 풍광을 만끽할 수 있다. 눈을 헤치며 걷는 겨울 산, 들꽃이 피어 천상 화원 같은 봄 풍경, 조화롭고 다양한 여름 숲, 곱디고운 가을 단풍까지 모두 갖췄다.

　2003년 5월 1일은 능경봉과 특별한 인연이 시작된 날이다. 금강애기나리, 풀솜대, 노랑무늬붓꽃, 삿갓풀, 도깨비부채 등 흔치 않은 종과 참나물이 지천으로 깔린 능경봉에서 내려오다가 노랑제비꽃 가운데 흰 꽃이 피는 개체를 만

산비장이 군락

났기 때문이다. 그날 본 노랑제비꽃 흰 꽃은 2017년 8월에 본 만개한 산비장이 군락과 함께 능경봉이 내게 준 귀한 선물로 또렷하게 기억난다.

노랑무늬붓꽃은 5월 숲에서 화룡점정 같은 존재다. 지금이야 자생지가 태백산맥을 따라 설악산에서 주왕산까지 기록되지만, 새로운 종으로 발표된 1974년 당시에는 유명세를 톡톡히 치렀다. 이름에 처음 발견된 장소를 넣었기 때문이다. 종소명 *odaesanensis*는 '오대산에서 자란다'라는 뜻이다.

노랑무늬붓꽃은 대개 수십 개체나 수백 개체가 무리 지어 자라는데, 이는 땅속에서 옆으로 뻗어 자라는 땅속줄기 때문이다. 능경봉 정상으로 가는 신갈나무 숲 사면에는 비슷한 시기에 피는 얼레지의 붉은 꽃, 꿩의바람꽃의 흰 꽃, 갈퀴현호색의 하늘색 꽃과 어우러져 천상의 화원을 연출한다.

노랑무늬붓꽃은 꽃 색깔에 따라 기록된 몇 가지 다른 종류도 있다. 강원도 태백산 지역에서 보고된 것들로, 흰색 꽃이 피는 흰노랑무늬붓꽃과 보라색 꽃이 피는 보라노랑무늬붓꽃 등이다. 모두 노랑무늬붓꽃 품종으로 기록됐는

데, 자생지 환경에 따라 꽃 색깔을 연속적인 변이로 보는 학자들은 이를 인정하지 않는다.

노랑무늬붓꽃은 형태적으로 노랑붓꽃과 가장 비슷하다. 노랑붓꽃은 꽃이 노랗고 바깥 꽃잎 아래 보라색 점이 있으며, 안쪽 꽃잎 기부에 보라색 줄이 보이고, 열매가 둥근 점이 다르다. 노랑무늬붓꽃의 속명 *Iris*는 그리스어로 '무지개'라는 뜻이지만, 지금은 붓꽃속 식물의 이름으로 쓰인다.

한방에서는 노랑무늬붓꽃, 금붓꽃, 타래붓꽃, 각시붓꽃의 씨를 마린자馬藺子라 하며 황달과 이질, 지혈, 인후염에 사용한다. 꽃은 마린화馬藺花라 하며 인후염과 지혈, 이뇨에 효과가 있다. 뿌리는 마린근馬藺根이라 하는데, 염증 제거와 해독 효과가 있어 인후염과 종기에 쓴다.

유사종 : 노랑붓꽃

붓꽃과

지방명 흰노랑붓꽃
분포 강원, 경기, 경북
용도 약용
특기 사항 한국 특산 식물, 식물구계학적 특정 식물 Ⅳ 등급

노랑무늬붓꽃 *Iris odaesanensis* Y. Lee

여러해살이풀로 높이 9~13cm, 땅속줄기는 옆으로 뻗어 자란다. 뿌리에서 올라오는 잎은 넓은 선형으로 끝이 뾰족해지고 가장자리는 밋밋하다. 꽃은 5~6월에 흰색으로 피고, 9~13cm 꽃줄기에 달린다. 꽃은 지름 3~4cm로 포 3개가 꽃 2송이를 감싼다. 포는 피침형으로 길이 3.3~6.2cm다. 꽃의 바깥 꽃잎 조각은 타원형으로 길이 1.8~2.4cm, 안쪽 아랫부분에 노란 무늬가 있다. 안쪽 꽃잎은 달걀을 거꾸로 놓은 모양으로 끝이 약간 파였다. 열매는 삭과(蒴果)로 3개 능선 끝에 긴 부리가 있다.

03
복계산과 미치광이풀

5월 8일

강원도 철원에 자리한 복계산(1057.2m)은 일반인이 오를 수 있는 최북단 산이다. 한북정맥은 북한의 추가령에서 시작해 남한의 백암산과 오성산을 지나 대성산으로 이어진다. 남한에서는 민통선 안에 있는 대성산과 복계산의 중간인 수피령을 그 출발점으로 보기 때문에 한북정맥을 종주하는 사람들이 반드시 지난다.

복계산은 오랫동안 작전지역에 포함되다 보니 특정 지역 일부가 훼손되기도 했다. 하지만 410종이 넘는 식물이

복계산 정상에서 복주산 방향으로 본 한북정맥

매월대

분포하고, 여기에는 금강초롱꽃을 비롯해 할미밀망, 병꽃나무 등 우리나라 특산 식물 15종이 있다. 복계산 전체 식생은 크게 신갈나무 군락으로 대표되며, 부분적으로 소나무–신갈나무 군락, 박달나무–신갈나무 군락, 가래나무 군락이 분포한다. 큰키나무 층의 평균 높이가 14m 이상이고 피도 역시 95%가 넘는다니 얼마나 좋은 숲인지 가늠할 수 있다.

산행은 주로 매월동에서 시작한다. 김시습이 은거했다고 전해지는 매월대를 거쳐 정상으로 가는 길, 원골계곡길을 따라 정상으로 가는 길, 수피령에서 정상으로 가는 길 등이 있지만 모두 경사가 심해 산행이 어렵기 때문이다. 정상에서 다시 매월동으로 내려가려면 헬기장으로 가서 남서쪽으로 갈라진 길을 이용해 원골계곡을 따라가야 한다. 능선을 1km 정도 내려가다 보면 가파른 경사를 지나 계곡을 만나는데, 주변의 식물상이 좋다. 가래나무와 층층나무, 고로쇠나무, 까치박달 같은 계곡성 수종이 우점하고, 고비고사리와 바위떡풀, 도깨비부채, 배초향, 영아자, 처녀치마, 미치광이풀, 당개지치, 미나리냉이 등 습지에서 자라는 초본을 만나기 쉽다.

미나리냉이

이른 봄이 되면 나물을 캐려고 햇빛이 잘 드는 계곡이나 골짜기를 찾아가는 사람들이 있다. 그곳에는 여지없이 눈이 녹아내려 계곡은 수량이 풍부하고, 근처에 살던 수분을 좋아하는 식물도 일찌감치 기지개를 켜고 봄을 맞이한다. 그 속에는 미치광이풀도 있다. 그러다 보니 봄철 산나물 중독 뉴스에 등장하는 환자 가운데 미치광이풀의 잎이나 어린순이 원인이 된 경우가 많다. 산나물을 캘 때는 반드시 전문가와 함께 다니기 바란다.

당개지치

　복계산에는 매월대폭포가 있는 계곡을 따라 미치광이풀 여러 개체가 분포한다. 미치광이풀은 자생지 군락에서 꽃 색깔의 변이가 심한 것으로 알려졌다. 노란 꽃이 피는 노 랑미치광이풀은 미치광이풀과 꽃 색깔도 다르지만, 꽃받침 한 장이 다른 네 장보다 길다. 꽃과 식물체가 갈색을 띠는 노란색인 것을 광덕미치광이풀이라 하여 독립적인 종으로 취급하기도 한다. 미치광이풀과 노랑미치광이풀의 교잡종 으로 추정한다.

미치광이풀을 자생지에서 만나면 짙은 자주색 꽃이 녹색 잎과 잘 어울리고, 아래를 향해 달리는 꽃이 겸손하게 보이기도 한다. 그러나 독성이 강해서 예뻐할 수만은 없는 식물이다. 미치광이풀의 속명 *Scopolia*는 오스트리아 학자 조반니 안토니오 스코폴리Giovanni Antonio Scopoli(1723~1788)의 이름에서 유래했으며, 종소명 *parviflora*는 '꽃이 작다'라는 뜻이다. 한방에서는 미치광이풀의 뿌리줄기를 동낭탕東莨菪이라 하며 진통제, 알코올에 따른 수전증, 종기, 옴이나 버짐 증상을 치료하는 데 쓴다.

유사종 : 노랑미치광이풀(사진 윤연순)

가지과

지방명 광대작약, 낭탕, 독뿌리풀, 미치광이, 미친풀, 초우성, 왕방울미치광이풀, 새미치광이풀

분포 강원, 경기, 경북

용도 약용

특기 사항 식물구계학적 특정 식물 Ⅲ등급

미치광이풀 *Scopolia parviflora* (Dunn) Nakai

여러해살이풀로 높이 30~60cm, 땅속줄기는 굵고 옆으로 뻗어 자란다. 줄기는 가지를 많이 치고 털이 없다. 잎은 어긋나지만 가지를 치는 곳에서는 모여나고, 달걀모양이나 타원형으로 양 끝이 좁다. 잎 가장자리가 밋밋하나 줄기 아래 잎은 톱니가 1~2개 있는 것도 있다. 4~5월에 진한 홍자색 꽃이 잎겨드랑이에 1송이씩 달려 처지고, 꽃자루는 2~5cm다. 꽃은 종 모양으로 길이 1.2~2cm에 끝이 5개로 얕게 갈라지며, 꽃받침은 5장이다. 열매는 삭과로 익으면 가로로 갈라져 씨가 나온다.

04

두위봉과 주목

5월 13일, 7월 16일

우리나라에서 유명한 계곡이나 좋은 숲 근처에는 대부분 자연휴양림이 있다. 숲이 주는 기운, 자연과 어우러져 힐링하려는 사람이 그만큼 많다는 방증이리라. 특히 여름철에는 휴양림에 있는 숙소를 예약하기가 하늘의 별 따기라니 그 인기가 실감 난다.

두위봉(1466m)으로 가는 계곡인 도사곡에도 휴양림이 있다. 정상으로 가는 길은 정선군 신동읍 단곡계곡, 남면 자미원과 자못골, 증산 등으로 다양한데 가장 많은 사람이

두위봉 입구 등산로와 주변의 관중 군락

방문하는 곳은 도사곡이다. 그 이유는 계곡 정상부에 있는
주목 때문이다. 두위봉 정상부는 산림유전자원보호구역으
로 지정될 만큼 종 다양성이 풍부하고 숲이 좋다. 휴양림
으로 들어가 맨 위쪽까지 자동차 도로를 따라가면 마지막
주차장이 나오고, 한쪽에 두위봉 등산로 표시가 있다.

계곡을 따라가다 물소리가 조용해질 무렵 조릿대가 가끔
보이고, 멸가치와 노루오줌, 현호색, 회리바람꽃, 덩굴개
별꽃 등이 눈에 띄게 많다. 샘터 두 곳을 지나면 등산로가

현호색

연령초

피나물

좁아진다. 물박달나무 숲 안쪽으로 나도개감채, 피나물, 노루귀, 뫼제비꽃 군락이 보이고, 때때로 귀룽나무 흰 꽃이 반겨준다. 나무 계단을 지나 숲이 열리면 현호색, 꿩의바람꽃, 큰앵초, 얼레지, 연령초, 삿갓나물, 피나물, 박새 군락이 나타나고, 드디어 위용을 뽐내는 주목이 보인다.

정선 두위봉 주목(천연기념물)은 우리나라에서 가장 오래된 나무로 알려졌다. 도사곡휴양림에서 주목 자생지를 지나 근처에 있는 화절령과 정상으로 가는 능선을 만나는 해

정선 두위봉 제2주목

발 1270m 부근에 세 그루가 나란히 서 있다. 수령은 1200
~1400년으로 추정한다. 휴양림에서 3.6km 거리다.

'살아서 천 년 죽어서 천 년' 간다는 주목은 비교적 높은
곳에 자라는 우리 식물이고, 대부분 산림청의 법적 보호를
받는다. 백두대간을 중심으로 해발 700m 이상 아고산대
나 고산지대 능선과 사면에 자생하며, 개체 수로는 태백산
이나 소백산이 대표 지역이라 할 수 있다. 태백산 정상부
에서 자라는 주목이 찢기고 잘린 흔적이 많아 세찬 비바람
과 눈보라에 1000년을 버텨온 늠름한 모습이라면, 고도가
높긴 하지만 약간 숲 안쪽으로 자리 잡은 두위봉 주목은
키가 크고 나무 모양이 대칭을 이루며 가지도 사방으로 발
달해 아름다운 모습이다.

같은 주목이라도 학교나 공원, 공공건물 주변에 심긴 개
체는 모양이 볼품없다. 꺾꽂이했기 때문인데 씨를 잘 맺으
니 그나마 다행이다. 씨에서 추출한 택솔이라는 물질은 항
암 효과가 있어 폐암과 유방암 치료제로 사용되기도 했다.
씨를 감싸는 종의種衣라는 보호 조직이 재미있다. 새가 이
열매를 통째로 삼키면 달고 수분이 많은 종의는 소화되고,
딱딱한 씨는 배설물에 섞여 그대로 배출됐다가 발아 조건

에 맞는 환경이면 씨가 발아해 자연적으로 자란다. 이렇게 1000년 정도 성장한 것이 지금 우리나라의 중심축이라 할 백두대간이나 정맥이 지나는 곳에 자리 잡고 있다.

주목이라는 우리 이름은 '줄기가 붉은 나무'라는 뜻이다. 주목과 형태적으로 가장 비슷한 회솔나무는 잎 너비가 3~4.5 mm나 돼서 변종으로 본다. 이 종류는 중국과 우리나라 평안도, 함경도, 경북(울릉도)에 분포하는 것으로 알려졌는데, 최근 국립수목원 연구 결과 울릉도산 주목과 회솔나무 잎의 너비가 중복돼 구별이 모호함을 지적하기도 했다. 같은 속에는 설악산에만 자라고 높이가 1~2m로 작으며, 줄기는 옆으로 기고 가지에서 뿌리가 발달하는 설악눈주목이 있다.

주목의 속명 *Taxus*는 '주목'을 뜻하는 그리스어 taxos에서 유래했으며, 종소명 *cuspidata*는 '갑자기 뾰족해지다'라는 뜻으로 잎 모양을 설명한다. 한방에서는 주목과 설악눈주목의 가지와 잎을 자삼紫杉이라 하며, 몸의 부기를 가라앉히거나 혈당을 내릴 때, 생리통을 완화하는 데 사용한다.

유사종 : 설악눈주목(사진 장창석)

주목과

지방명 경복, 노가리나무, 적목, 화솔나무, 경목, 저목, 적백송

분포 전도(700m 이상 산지)

용도 관상용, 목재용, 식용, 약용

특기 사항 적색 목록 취약종, 식물구계학적 특정 식물 II등급

주목 *Taxus cuspidata* S. et Z.

상록성 침엽 큰키나무로 껍질은 적갈색이고, 얇게 갈라진다. 어린 가지는 녹색, 2년생 가지는 연갈색, 3년생 가지는 회갈색이다. 잎은 선형이고 길이 1.5~2cm, 너비 3mm에 나선상으로 달리며, 대부분 2~3년 만에 떨어진다. 잎 표면은 짙은 녹색이고, 뒷면에는 연한 황색 줄이 2개 있다. 꽃은 4월에 피며 암수딴그루에 달린다. 수꽃은 갈색으로 비늘조각 6개에 싸였고, 암꽃은 녹색으로 달걀모양이며 비늘조각 10개에 싸였다. 열매는 8~9월에 익고 둥글며, 붉은색 육질인 종의 안에 씨가 들었다.

05
육백산과 등칡

5월 14일

육백산(1244m)은 강원도 삼척시 도계읍 황조리와 신리, 무건리에 걸쳐 있다. 북쪽에는 두리봉, 서쪽에는 대덕산, 남서쪽에는 백병산, 동쪽에는 응봉산이 연결돼 태백산맥 일부를 이룬다. 특히 정상부에는 고위평탄면이 넓다. 예전에 화전민이 농사짓던 첩첩산중의 보배 같은 곳이다. 육백산은 정상부 면적이 600마지기나 돼서 붙은 이름이라고 하며, 조 600석을 뿌려도 될 만큼 넓어서 부르는 이름이라고도 한다.

이정표

육백산 산행은 국내 대학 가운데 가장 높은 곳에 있
는 강원대학교 도계캠퍼스(804m)에서 출발해 육백산 정
상 – 1111봉 – 무건리 이끼폭포 – 산기리로 내려오는 코스
가 일반적이다. 하지만 총 17km나 되므로 일부러 긴 산행
을 할 게 아니라면 도계캠퍼스에서 출발해 정상을 밟은 뒤
다시 캠퍼스로 내려오는 길을 택하는 편이 좋다.

육백산에 처음 가던 날, 도계캠퍼스 꽃밭 끝부분에 '육
백산 가는 길'이라고 쓰인 입간판이 가리키는 경사진 길

일본잎갈나무 군락

우엉

을 올라가자마자 일본잎갈나무 숲속에서 반가운 꽃을 만
났다. 등칡이 화려한 꽃을 피우고 반겨줬다. 오대산 근처
에서 처음 만난 종류로, 대부분 잎이나 칡덩굴처럼 나무를
감고 올라가는 줄기만 봐온 터라 반가움은 몇 배 이상이었
다. 꽃을 만나기도 어렵지만, 모양이 특이해서 많은 사람
이 관심을 보이는 종류다.

　해발 1000m 근처에서 만난 우엉은 화전민이 살던 곳임
을 알려주는 표식종이다. 정상부는 신갈나무와 잣나무가

붉은병꽃나무

많고 소나무, 물푸레나무, 당단풍나무, 느릅나무가 분포한
다. 떨기나무 층은 미역줄나무와 철쭉, 붉은병꽃나무가 많
다. 초본층은 둥굴레, 둥근털제비꽃, 노랑제비꽃, 비비추,
대사초, 개별꽃, 질경이 등이 우점한다. 정상에서 바라본
주변 지역은 모두 널빤지 같다.

　등칡은 이름에 '등'과 '칡'이 들어갔으니 흔히 보이는 등
나무나 칡을 연상하지만, 소속이 전혀 다르다. 다만 줄기

가 덩굴성으로 꼬이는 모습이 비슷하다고 붙인 이름이다. 등칡은 쥐방울덩굴과Aristolochiaceae에 속하며, 등나무와 칡은 콩과Fabaceae에 든다.

등칡 꽃은 상상을 초월할 정도로 희한하게 생겼다. 아름답다기보다 어떻게 이런 모습이 됐을까 궁금하다. 사람들에게 꽃 사진을 보여주면 우리나라 식물이 맞느냐는 질문이 태반이다. 잎겨드랑이에 한 송이씩 달리는 꽃은 'U 자형'으로 구부러졌으며, 위쪽은 나팔을 닮았고 노란색이라 옆에서 보면 색소폰이나 병아리 같다. 이런 모습 때문에 활짝 핀 꽃을 만나면 한꺼번에 여러 장 사진을 찍는다.

줄기가 자라는 것도 장소에 따라 다르다. 한 개체씩 나는 곳을 만나면 잎이 커다란 덩굴식물 같지만, 여러 개체가 함께 있는 지역은 복잡해 보이기 때문이다. 지금까지 가장 많은 개체는 강원도 삼척시에 있는 석개재, 경북 영덕군의 옥계계곡에서 본 것이다. 줄기는 동아줄이 얽히고설킨 모습으로 자라고, 계곡에서는 바닥을 따라가다가 주변에 있는 물푸레나무를 타고 올라갔는데 그 모습을 보고 등골이 오싹했다. 가을이면 주렁주렁 달리는 열매도 볼만하다. 작은 바나나처럼 생겼는데, 잎이 떨어지고 줄기와 가지에 열매만 남은 모습이 일부러 만든 장식품 같다.

등칡과 형태적으로 비슷한 종류는 쥐방울덩굴이 있다. 초본인 쥐방울덩굴은 잎이 심장 모양으로 털이 없으며, 꽃도 잎겨드랑이에 몇 송이씩 달리고, 열매는 달걀을 닮은 원형인 점이 다르다. 등칡의 속명 *Aristolochia*는 그리스어 aristos(가장 좋다)와 lochia(출산)의 합성어다. 굽은 꽃 모양을 엄마 배 속의 태아로 생각하고, 꽃 아래 굵은 부분은 자궁을 상징해 '출산이 임박한 모자의 배 속 모습을 닮았다'는 의미로 만들었다. 종소명 *manshuriensis*는 '만주 지역에서 자란다'는 뜻이다.

한방에서는 등칡 줄기를 관목통關木通이라 하며, 방광염이나 몸이 붓고 소변이 잘 나오지 않는 증상, 입안과 혀에 생기는 염증을 치료하는 데 쓴다. 독성이 강해 사용할 때는 전문가와 상담이 필요하다.

유사종 : 쥐방울덩굴

쥐방울덩굴과

지방명 긴쥐방울, 등칙, 칡향, 큰쥐방울

분포 강원, 경기, 충북, 경북, 경남

용도 약용

특기 사항 식물구계학적 특정 식물 Ⅱ등급

등칡 *Aristolochia manshuriensis* Komar.

덩굴성 목본으로 길이 10m 정도다. 새 가지는 녹색이고, 2년생 가지는 회갈색이며, 묵은 가지에 코르크층이 발달한다. 잎은 어긋나고 둥근 심장 모양으로 길이 20~30cm에 너비 20~28cm, 잎자루가 약 7cm다. 꽃은 5월에 잎겨드랑이에 1송이씩 달리며, 꽃자루는 2~3cm다. 꽃은 'U 자형'으로 구부러지고, 위쪽은 3개로 얕게 갈라지며 연녹색, 안쪽 중앙부는 연갈색, 밑 부분은 자흑색이고, 윗부분에 자갈색 반점이 있다. 열매는 삭과로 9~10월에 진갈색으로 익으며, 겉에 능선이 6개 있다.

06

금대봉-대덕산과 대성쓴풀

5월 14일

1년에 태백 지역을 열 번쯤 방문한다. 태백생명의숲이 주관하는 숲 해설가 양성 강의를 위해 가기도 하고, 많은 식물 자원이 분포하는 곳이라 카메라를 메고 일부러 다녀오기도 한다. 금대봉(1418m)과 대덕산(1307m)은 숲 해설 교육 장소로 매번 활용해서 더 친근하다.

1993년 환경부가 생태·경관보전지역으로 지정한 이곳은 태백산국립공원의 가장 북쪽으로, 개병풍과 골고사리 같은 희귀 식물이나 멸종 위기종을 포함해 500여 종이 분

대덕산에서 바라본 금대봉

개병풍

골고사리

검룡소

포한다. 한강의 발원지인 검룡소가 있어 많은 사람이 찾는 곳이기도 하다.

금대봉에서 검룡소로 내려오는 길은 예약한 사람만 산행할 수 있으며, 금대봉 입구 초소에서 목에 거는 인식표를 받고 산행 후 반납한다. 초소로 내려오는 길 주변에는 우리나라 이곳에만 있는 대성쓴풀이 자란다. 워낙 작아 눈에 잘 띄지 않지만, 태백을 대표하는 희귀 식물이다.

대성쓴풀은 만주와 몽골, 시베리아, 중앙아시아에 분포하며 우리나라에는 태백시와 정선군 일부 지역에 자란다. 대성쓴풀은 신출귀몰하다. 지난해에 본 장소에 가면 올해는 볼 수 없기 때문이다.

대성쓴풀을 처음 만난 곳은 태백시 창죽동에 있는 검룡소로 가는 길 입구다. 수십 개체가 이곳저곳에 떨어져 자라는데, 개체 수는 해마다 들쑥날쑥하다. 어떤 사람은 한해살이풀이라 같은 장소에 자라지 않는다는 의견을 내기도 했지만, 대성쓴풀을 우리나라에서 처음 기록한 학자는 여러해살이풀로 보고 있다.

한번은 장마가 들어 검룡소 탐방로가 훼손됐다. 길옆으로 난 하천이 넘칠 정도로 비가 많이 왔다. 그 후 망가진 도로를 복구하는 데 오래 걸렸고, 하천 주변의 흙과 자갈이 주로 이용됐다. 대성쓴풀이 자라는 곳도 예외는 아니었다. 당연히 복구공사가 마무리된 다음 그곳에서는 대성쓴풀을 거의 찾아볼 수 없었고, 곧 자생지가 사라질 것으로 생각했다.

그런데 반전이 있었다. 하천 물줄기가 흘러내리는 하류 지역 뭣등에서 커다란 군락지가 발견된 것이다. 그동안 검룡소 외 자생지를 찾기 위해 몇 년 동안 주변 지역을 샅샅

이 뒤져도 실패했는데, 의외 지역에서 찾은 것이다. 상류 지역부터 떠내려왔다면 하천 주변에서 자라야 하는데, 하천과 무덤 사이에는 넓은 밭이 있어 어떻게 이곳에서 자라는지 모르겠다.

정선 지역도 마찬가지다. 도로를 벗어나 경사진 곳 한참 위에 있는 밭 근처 무덤 주변에서 자라기 때문이다. 밭 주인에게 이 무덤을 만들 때 외부에서 흙을 가져왔느냐고 물으니, 그런 적 없고 이 식물은 처음 본다고 했다. 정말 아이러니한 일이다.

동강 주변 자생지는 더하다. 강 인근에 몇 개체가 있는데 돌 틈에서 자라 생육 상태가 좋지 않고, 강물이 불어난다면 여지없이 떠내려갈 정도로 가까운 곳에 분포한다. 어떻게 이런 데 자리 잡았는지 알 수가 없다.

이처럼 대성쓴풀의 개체 수 유지나 사는 곳의 주변 환경은 말 그대로 위태위태하다. 처음 이 식물이 알려진 검룡소 집단 내 개체 수가 늘어나고 있다는 점이 그나마 다행스럽다. 멸종 위기종과 식물구계학적 특정 식물 Ⅴ등급으로 지정된 만큼 철저한 관리가 필요하다.

대성쓴풀은 '대성산(금대봉의 옛 지명)에서 자라는 쓴풀'이라는 뜻으로 붙인 우리 이름이다. 우리나라에 자라는 대성쓴

풀속에는 1종이 분포한다. 대성쓴풀의 속명 *Anagallidium*
은 그리스어 ana(다시)와 agallein(즐기다)의 합성어로, '해가
뜨면 꽃이 다시 핀다'는 뜻이다. an(없다)과 agallomei(자만
하다)의 합성어로, '꽃이 아래로 달린다'는 의미도 있다. 종
소명 *dichotomum*은 '줄기의 가지가 균일하게 갈라진다'
는 뜻이다. 용도는 알려진 것이 없다.

용담과

대성쓴풀 *Anagallidium dichotomum* (L.) Griseb.

지방명

분포 강원

용도

특기 사항 적색 목록 멸종
위기종, 식물구계학적 특정
식물 V등급

여러해살이풀로 줄기는 비스듬히 자라고 네모진다. 높이
10cm 내외로 작고 가지를 친다. 잎은 마주나고 뿌리에서
나오는 잎은 주걱 모양으로 길이 2~3cm에 너비 6~10mm,
맥 3~5개에 잎자루가 있다. 줄기에 달리는 잎은 달걀모양이
나 달걀모양의 피침형으로 잎자루가 거의 없다. 5~6월에 흰
색 꽃이 가지와 줄기, 잎겨드랑이에 달리며, 꽃자루는 길이
1~4cm다. 꽃받침조각은 달걀모양으로 꽃 길이의 절반 정
도다. 꽃잎 조각은 달걀모양으로 안쪽에 가시 모양 분비털
이 2개 있다. 열매는 삭과로 달걀모양이다.

07

대암산 용늪과 비로용담

5월 17일, 8월 8일

대암산(1304m)은 '커다란 바위산'이라는 뜻으로, 정상부 일대가 바위다. 해발 1280m 지점에 용늪이라는 습지가 분포해 생태학적으로 중요한 의미가 있다. 1973년 대암산과 인근 대우산이 천연기념물로 지정됐고, 1989년에는 용늪 지역 전체가 생태·경관보전지역으로 지정돼 보호받기 시작했다. 1997년에는 물새가 서식하는 습지를 보호하기 위한 국제조약인 람사르협약에 우리나라 최초로 등록됐으며, 1999년에는 환경부가 습지보호지역으로, 2006년에는

산림청이 산림유전자원보호림으로 지정해 학술적으로 중요한 위치를 차지한다.

용늪은 지질학적으로 화강암과 편마암의 풍화와 침식에 대한 저항력의 차이에서 생기는 차별침식 작용으로 생긴 침식분지다. 고산에 위치해 1년 중 170일은 안개가 끼고, 150일은 기온이 영하로 내려가 죽은 생물의 사체가 썩지 않고 그대로 쌓여 이탄층이 형성됐다. 용늪 안쪽 이탄층은 평균 1m, 깊은 곳은 1.8m에 달하며, 그 역사를 추정해보

끈끈이주걱

니 무려 4000~5100년간 만들어진 것이라고 한다.

용늪은 최근 알려진 애기용늪과 큰용늪(3만 820m²), 작은 용늪(1만 1500m²)으로 구성되며, 총면적 약 1.36km²다. 그러나 습지의 육화 현상을 비롯한 문제가 발생해 큰용늪만 출입할 수 있고, 예약자에 한해 매일 정해진 인원에게 탐방을 허용한다. 나무로 만든 관찰로만 개방하고, 숲 해설가나 안내자와 동행해야 탐방이 가능하다.

용늪에는 식물 340여 종이 분포하는 것으로 알려졌다.

물매화

이 가운데 130여 분류군이 초본이고, 습지에서 자라는 종류가 69분류군이나 포함돼 절반 이상을 차지한다. 대표적인 종류는 비로용담, 끈끈이주걱, 개통발, 숫잔대, 물매화, 기생꽃, 조름나물 등이며 기생꽃과 조름나물은 환경부가 멸종 위기 야생생물 II급으로 지정·보호한다.

식물을 연구하는 학자들도 비로용담을 자생지에서 만나본 사람은 그리 많지 않을 것 같다. 남한에서는 대암산 용

숫잔대

늪이 유일한 자생지이기 때문이다. 그러다 보니 용늪과 관련된 조사 보고서나 동식물 화보 등에는 비로용담 사진이 단골처럼 들어간다. 꽃이 피기 전 용늪에서 자라는 비로용담은 방금 새로 나온 줄기나 어린순처럼 가냘프고 왜소하다. 하지만 한여름 진자주색 꽃이 활짝 핀 개체를 운 좋게 만난다면 누구라도 감탄할 만하다. 물론 용담과 식물의 특징인 가늘고 긴 종 모양 꽃은 종류와 상관없이 모두 아름답다.

기생꽃

　용담 꽃과 관련된 이야기도 있다. 이름만 들어도 대다
수 사람이 아는 국내 모 그룹 회장은 용담 꽃을 아주 좋아
했다고 한다. 특히 비로용담과 같은 속에 포함된 과남풀은
줄기가 튼실하고 꽃도 지름 4~5cm로 커서 가장 선호하
는 종이었다. 일본에서는 이 종류를 꽃 색깔이 다양한 원
예종으로 개량해 절화나 꽃꽂이에 활용했다. 그 회장은 평
창 근처에 농장을 만들고 이 품종을 수입·관리하면서 회
사 일로 스트레스가 쌓이거나 컨디션이 좋지 않을 때 이곳

을 방문해 꽃을 즐겼다고 한다. 흔한 장미나 백합이 아니라 용담 꽃을 좋아한다는 점이 특이하다.

비로용담도 개발 가치가 있다. 줄기 높이에 비해 상대적으로 큰 꽃에 색깔이 진하고 아름답기 때문이다. 수십 개체를 작은 수반에 올려놓은 상상을 해본다. 우리나라에 자라는 용담속 식물은 10여 종류가 있다. 키가 10cm 이하인 구슬붕이 종류부터 1m나 자라는 큰용담, 과남풀까지 다양하다. 비로용담이라는 우리 이름은 '금강산 비로봉에서 자라는 용담'이라는 뜻이다. 흰 꽃이 피는 흰비로용담은 품종으로 취급한다.

비로용담의 속명 *Gentiana*는 기원전 500년 일리리아Illyria의 왕 겐티우스Gentius에서 유래했으며, 식물체에 약효가 있다는 것을 발견한 가이우스 플리니우스 세쿤두스Gaius Plinius Secundus가 이름 붙였다. 종소명 *jamesii*는 이 식물을 발견한 에드윈 제임스Edwin James(1797~1861)의 이름에서 왔다. 한방에서는 용담, 과남풀, 큰용담, 칼잎용담, 비로용담의 뿌리를 용담초龍膽草라 하며 황달이나 이질, 습진, 체온 상승에 따른 경련, 두통 등에 사용한다.

유사종 : 과남풀

용담과

지방명 비로과남풀, 비로봉용담, 비로룡담

분포 강원, 양강, 함남, 함북

용도 약용

특기 사항 적색 목록 멸종위기종, 식물구계학적 특정식물 Ⅴ등급

비로용담 *Gentiana jamesii* Hemsley

여러해살이풀로 높이 4~20cm, 줄기는 네모지고 대부분 적자색을 띤다. 잎은 마주나고 넓은 피침형이나 긴 타원형으로, 길이 7~15mm에 너비 3~6mm다. 잎 가장자리는 밋밋하고 흰빛이 돌며, 끝이 둔하다. 잎은 줄기 하나에 5~10쌍이 나는데, 아래로 갈수록 작아진다. 7~9월에 진자주색 꽃이 가지 끝에 1송이씩 달리며, 꽃자루는 없다. 꽃받침은 종 모양이고, 꽃받침조각은 달걀모양이다. 꽃은 종 모양이고, 길이 2~3cm로 끝이 5개로 갈라진다. 열매는 삭과로 뾰족한 원기둥 모양이다.

08
봉화산과 삼지구엽초

5월 21일

　강원도 양구군 국토정중앙면에 있는 봉화산(874m)은 말 그대로 조선 시대에 봉화를 올리던 곳이다. 춘천에서 가면 마지막 터널을 통과하자마자 오른쪽으로 보인다. 터널이 뚫리기 전에는 춘천에서 석현리 선착장까지 가는 배를 이용했다. 석현리 선착장에서 심포리 삼거리를 지나 봉화산 정상을 거쳐 국토정중앙천문대로 내려가는 10.38km 코스는 배에서 내리자마자 산에 오를 수 있다.

　심포리에서 출발해 정상을 거쳐 구암리로 내려가는

헬기장에서 바라본 정상부와 식생

노랑갈퀴

5.88km 코스도 있다. 심포리에서 2.2km쯤 올라가면 심포
리 삼거리를 만난다. 석현리에서 올라오는 길과 합류하는
곳이다. 봉화대가 있는 정상은 커다란 바위가 많고 식생이
빈약하다. 키 작은 신갈나무와 떡갈나무가 듬성듬성하고,
붉은병꽃나무와 철쭉, 산딸기 같은 떨기나무, 질경이와 억
새, 새 등 초본이 가끔 보인다.

환경부는 식물구계학적 특정종 1476분류군을 지정해 자
연환경 평가의 잣대로 활용한다. 이에 따르면 봉화산에서

산앵도나무

자라는 식물 가운데 노랑갈퀴, 금강제비꽃, 산앵도나무,
참배암차즈기, 고려엉겅퀴, 삼지구엽초 등이 포함된다. 삼
지구엽초는 IV등급에 들어 중요성이 더 높고, 나머지 종류
는 III등급이다. 개체 수도 많지 않아 더욱 보호가 필요한
식물이다.

삼지구엽초는 줄기 하나에 가지가 세 개 나고, 잎이 세
장씩 달려 총 아홉 장이라고 붙은 이름이다. 가끔 다른 식

고려엉겅퀴

물에서도 가지 세 개에 잎이 아홉 장 나는 경우가 있다. 미나리아재비과Ranunculaceae에 속하는 꿩의다리, 범의귀과Saxifragaceae에 드는 노루오줌 종류의 꽃이 피기 전 어린줄기가 대표적인 예다. 진짜 삼지구엽초가 자라는 곳이 강원도와 경기도 이북이라는 점을 감안하면, 다른 지역 이름을 달고 판매되는 삼지구엽초는 모두 가짜다.

삼지구엽초가 인기 있는 까닭은 강정제로 소문났기 때문이다. 식물분류학에서 사용하는 이름보다 한방에서 사용하는 음양곽淫羊藿이라는 이름으로 이야기하면 바로 머릿속에 떠오를 것 같다. 그러다 보니 자생지로 알려진 곳은 해마다 개체 수가 줄어들고, 비슷한 종류가 진짜로 둔갑해 판매된다. 요즘은 산에서 나무를 채취해 불을 때지 않으니, 상대적으로 잘 발달한 숲이 그늘을 만들어 삼지구엽초가 좋아하는 햇빛이 잘 드는 곳이 없어진 것도 원인이다. 삼지구엽초는 결국 적색 목록 취약종과 식물구계학적 특정 식물 Ⅳ등급으로 보호받는 신세가 됐다.

삼지구엽초와 관련된 재미난 이야기도 있다. 친구처럼 지내는 고등학교 선배 한 분이 매년 한두 번 삼지구엽초로 만든 술을 선물해준다. 재료의 출처를 물으니 지인이 구입해준다고 했다. 술은 잎이 달린 줄기를 잘 말려서 알코올 도수 40%짜리 소주를 붓고 100일 남짓 우린 다음 거르는데, 병을 꺼내보면 잘 숙성된 위스키처럼 붉은빛이 도는 호박색이다. 병에는 가짜가 아니라는 의미로 삼지구엽초 줄기가 하나씩 들었다.

술맛도 좋다. 풀 냄새 같은 향과 쓰지도 달지도 않은 맛이 조화롭다. 요즘은 잠자기 전에 한두 잔씩 마신다. 그러나 너무 많이 마시면 두통이나 복통을 일으킬 수 있다. 아무리 몸에 좋다 해도 과유불급이다.

삼지구엽초의 속명 *Epimedium*은 그리스의 지명 메디아Media에서 유래한 epimedion에서 생겼으며, 종소명 *koreanum*은 '한국에서 자란다'는 뜻이다. 한방에서는 삼지구엽초의 잎과 뿌리를 음양곽이라 하며, 정액 분비 촉진, 월경불순과 월경통, 다이어트, 혈관 질환 예방, 뇌 건강에 좋다고 한다.

유사종 : 노루오줌

매자나무과

삼지구엽초 *Epimedium koreanum* Nakai

지방명 음양곽
분포 강원, 경기
용도 약용, 식용
특기 사항 적색 목록 취약
종, 식물구계학적 특정 식
물 Ⅳ등급

여러해살이풀로 높이 30cm 정도, 땅속줄기는 옆으로 뻗는
다. 뿌리에서 올라오는 잎은 잎자루가 길고, 원줄기에는 잎
이 1~2장 어긋나는데 2회 3출 복엽으로 총 9장이 달려 삼지
구엽이라 한다. 잎은 달걀처럼 생겼으며, 길이 5~13cm에 너
비 1.5~7.2cm다. 끝이 뾰족하고 밑은 심장 모양이며, 가장
자리에 가시 같은 톱니가 있다. 5월에 줄기 가운데 황색 꽃
이 총상꽃차례로 달리며, 아래를 향해 핀다. 꽃받침 8개, 꽃
잎 4개로 긴 꽃뿔이 있다. 열매는 삭과로 방추형이며, 익으면
2개로 갈라진다.

09

화악산과 금강초롱꽃

5월 27일

화악산(1468.3m)은 강원도 화천군 사내면과 경기도 가평군 북면에 걸쳐 있다. 정상인 신선봉과 응봉(1436m)은 군사시설이 있어, 대개 중봉(1450m)으로 오른다. 신선봉 동쪽 능선은 응봉과 연결된다. 응봉을 방문하는 사람은 화악터널에서 시작해 응봉 주변과 병풍바위를 거쳐 촉대봉(1125m)으로 가는 능선 길을 택한 뒤 되돌아오거나, 집다리골자연휴양림으로 내려간다. 능선으로 계속 가면 촉대봉을 지나 강원도와 경기도의 경계인 홍적고개를 만난다.

화악산에서 바라본 응봉

분비나무

　화악산은 화악터널을 중심으로 군 작전 도로가 있어 접근하기 쉽다. 중봉과 응봉으로 갈라지는 실운현까지 자동차로 갈 수 있기 때문이다. 터널에서 중봉까지 약 4.2km라 왕복 산행을 해도 네 시간이면 충분하고, 해발고도가 높아 고산지대의 다양한 식물을 만날 수 있다. 한반도 남쪽에서 몇 안 되는 닻꽃 자생지가 있고, 우리나라 특산 식물인 금강초롱꽃도 자란다. 이런 귀한 식물이 꽃 피울 때가 되면 들꽃 마니아들이 많이 찾는다.

닻꽃   진범

  산림청이 지정한 산림유전자원보호구역을 조사하기 위
해 응봉을 방문한 적이 있다. 북사면 계곡 주변은 미확인
지뢰 지대라 군의 허가를 받고, 군인과 동행해야 한다. 숲
은 분비나무와 신갈나무가 많고 아래쪽에는 함박꽃나무와
개시닥나무, 고로쇠나무, 자작나무, 꽃개회나무가 자라며,
초본은 피나물, 관중, 참나물, 동자꽃, 진범, 풀솜대, 둥근
이질풀, 과남풀, 눈개승마, 병풍쌈, 만주우드풀, 백작약,
등칡, 분취 등이 지천이었다.

눈개승마

　금강초롱꽃은 이름에서 알 수 있듯이 금강산에서 처음 채집했고, 생김새가 초롱꽃과 비슷한 식물이다. 식물도감에 보면 이름에 '금강'이 들어간 종류가 11가지나 된다. 금강봄맞이, 금강인가목, 금강제비꽃 등 이름도 예쁘다. 금강초롱꽃은 전 세계에서 우리나라에만 자라는 귀중한 식물이다. 이런 종류를 '특산 식물' 혹은 '고유 식물'이라고 하는데, 우리나라에 360종류가 있다.

　금강초롱꽃은 강원도 치악산 이북과 경기도 명지산 이

북에서 자라며, 화악산 중봉이나 응봉에는 주로 계곡 사면에 있다. 북한에도 금강산 전역에 분포하지만, 특히 외무재령과 온정령, 동석동, 아홉소골에서 자라는 커다란 군락은 1956년부터 천연기념물 233호로 지정·보호한다.

금강초롱꽃은 꽃 모양이 초롱꽃과 비슷하고, 잎 모양은 잔대속*Adenophora*에 드는 모시대와 비슷하다. 꽃 색깔이 다양해 설악금강초롱꽃, 오색금강초롱꽃, 붉은금강초롱꽃, 흰금강초롱꽃 등으로 세분하기도 하는데, 학자에 따라서 흰금강초롱꽃을 제외한 나머지 품종은 꽃 색깔의 연속적인 변이로 보아 통합한다.

10여 년 전, 금강초롱꽃을 원예화하기 위해 연구 과제를 수행했다. 꽃이 아름답고 희귀 식물이니 원예종으로 개발하면 좋을 것 같다는 생각에서다. 실험을 위해 몇 개체를 온실로 옮겨 자라는 모습을 지켜봤다. 몇 달이 지나자 높이는 자생지보다 두 배 가까이 크게 자랐고, 잎에 검은 반점이 생기기 시작했다. 자생지 환경과 달라서 나타나는 현상이었다. 결국 원예화에 실패했지만, 적재적소라는 말처럼 자연 모습 그대로 보는 것이 최고라는 교훈을 얻었다.

금강초롱꽃과 형태적으로 비슷한 종류는 함남 검산령에서 처음 채집한 검산초롱꽃이 있다. 남한에는 자라지 않고, 꽃받침 폭이 5mm로 금강초롱꽃보다 넓은 점이 다르다. 금강초롱꽃의 속명 *Hanabusaya*는 한일 병합 당시 초대 일본 공사 하나부사 요시모토花房義質를 기념하기 위해 한국 식물을 주로 연구한 일본 식물학자 나카이 다케노신 中井猛之進이 붙였으며, 종소명 *asiatica*는 '아시아 지역에서 자란다'는 뜻이다. 한방에서는 금강초롱꽃과 초롱꽃, 섬초롱꽃 지상부를 자반풍령초紫斑風鈴草라 하며, 해산 촉진제로 사용한다.

유사종 : 초롱꽃

초롱꽃과

지방명 금강초롱, 화방초
분포 강원, 경기, 함남
용도 관상용, 약용
특기 사항 한국 특산 식물, 적색 목록 취약종, 식물구계학적 특정 식물 Ⅳ등급

금강초롱꽃 *Hanabusaya asiatica* (Nakai) Nakai

여러해살이풀로 줄기는 곧추서고 높이 30~90cm, 대부분 자색을 띠며 털이 없다. 잎은 줄기 중간에 4~6장이 어긋나며 모여 달리고, 달걀을 닮은 긴 타원형으로 끝이 뾰족하고, 밑은 둥글거나 약간 심장 모양이다. 잎 가장자리에 안쪽으로 굽은 톱니가 불규칙하다. 8~9월에 연한 자색 꽃이 줄기 끝에 원추꽃차례로 달린다. 꽃은 길이 5cm에 너비 2cm로 긴 종 모양이다. 꽃받침은 5개, 꽃받침조각은 선상 피침형이다. 수술은 5개로 수술머리가 붙어 있으며, 암술은 1개다. 열매는 삭과로 아래쪽 면이 열개한다.

10
청태산과 종등굴레

5월 30일, 10월 3일

강원도 횡성군 둔내면에 있는 청태산(1200m)은 둔내자
연휴양림, 국립청태산자연휴양림과 국립횡성숲체원이 자
리할 정도로 자연환경이 좋다. 둔내면 삽교리를 지나 고속
도로 위로 난 길을 통과하면 숲속에 있는 옛길로 접어드는
데, 전방에 이정표가 보이고 1km쯤 가면 청태산자연휴양
림 입구다. 매표소를 지나면 눈앞에 '그룹사운드 청태산'
조형물이 반기고, 오른쪽으로 가면 주차장이다. 청태산에
오르는 길은 크게 1~5등산로가 있다. 제각각 특성이 있지

바위, 이끼, 물 등 계곡 모습

속새

만, 골짜기가 있는 곳에 습지식물이 많아 식물을 보러 가는 사람들은 2등산로를 택한다. 정상에 이르는 가장 가까운 길이기도 하다.

데크를 지나 계곡을 따라가다 정상까지 1km 정도 남으면 길은 갑자기 경사가 급해진다. 사면에 커다란 층층나무와 고로쇠나무, 복장나무, 까치박달, 난티나무가 위엄을 뽐내고, 오른쪽 사면 아래쪽으로 속새와 느쟁이냉이, 큰앵초, 도깨비부채가 보인다. 그 맞은편에는 조릿대가 세력을

느쟁이냉이

확장하고 있다.

　10분 남짓 더 오르면 능선을 만난다. 신갈나무가 우점하는 능선 주변에 조릿대, 터리풀, 박새, 관중 등이 많다. 헬기장을 거쳐 정상에 도착한 뒤, 돌아 내려와 능선 길을 타고 3~5등산로로 가야 한다. 2020년 5월 30일에 방문했을 때, 미나리아재비 노란 꽃이 활짝 피어 반기던 헬기장 주변에서 그 귀하다는 종둥굴레를 만났다.

헬기장의 미나리아재비

외국에서 처음 기록된 식물 종류가 우리나라에 자라는 것이 확인되면 우리 이름을 만들고 학회에 논문으로 출판해야 공식적으로 인정받는다. 이런 논문을 '미기록종 보고'라고 한다. 논문은 주로 《식물분류학회지》에 투고하는데, 정해져 있진 않지만 해마다 평균 10여 편은 되는 것 같다. 새로 등록되는 식물 가운데 생태계에 문제를 일으키거나 독성이 있는 등 실제로 사람과 연관된 종류는 기록되자마자 여러 곳에서 오르내린다. 이에 비해 문제가 없거나 자신이 전공하지 않는 종류에는 관심이 적다.

종둥굴레가 대표적인 예다. 1916년 식물학자 블라디미르 레온티에비치 코마로프Vladimir Leontyevich Komarov가 러시아에서 처음 채집한 표본을 바탕으로 신종으로 발표했다. 전 세계적으로는 러시아 동부와 중국 동부 지역에 자란다. 종둥굴레를 우리나라 미기록종으로 처음 학계에 보고한 이는 1998년 박사과정 동안 둥굴레속Polygonatum 식물의 계통분류 연구를 수행하던 학자다. 우리나라에 자라는 곳은 설악산과 청태산뿐이다. 분포하는 지역만 보면 희귀식물이나 식물구계학적 특정 식물에 포함돼야 할 것 같은데, 실제로 그렇지 않다. 종둥굴레가 실린 식물도감도 거의 없다. 학계에 보고된 지 20여 년이 지났는데 말이다.

청태산에서 종둥굴레를 만난 때는 꽃이 열리기 전이었다. 활짝 핀 꽃 사진을 얻기 위해 이 식물을 처음 보고한 학자께 부탁했다. 바로 연락이 왔는데 본인도 마음에 드는 사진이 없다고 했다. 제대로 된 꽃 사진을 찍기 위해서라도 다시 찾아가야겠다.

종둥굴레와 형태적으로 가장 비슷한 종류는 우리나라 산지 숲속에서 비교적 흔히 자라는 퉁둥굴레다. 높이 60~80cm에 땅속줄기는 지름 6~10mm, 잎이 6~9장 나고 길이 8~16cm, 포 길이 8~12mm로 맥이 3~5개 있다. 종둥굴레라는 우리 이름은 꽃이 종 모양이라 붙었다.

종둥굴레의 속명 *Polygonatum*은 그리스어 polys(많다)와 gonu(마디)의 합성어로, '땅속줄기에 마디가 많다'는 뜻이다. 종소명 *acuminatifolium*은 '잎끝이 점차 좁아지면서 뾰족해진다'는 뜻이다. 한방에서는 둥굴레 종류의 땅속줄기를 옥죽玉竹이라 하며 입안이 건조해지는 증상, 마른기침이 나거나 가래를 삭이는 데 사용한다.

사진 장창기

유사종 : 퉁둥굴레

백합과

종둥굴레 *Polygonatum acuminatifolium* Kom.

지방명
분포 강원
용도 약용
특기 사항

여러해살이풀로 높이 20~30cm, 땅속줄기는 옆으로 길게 뻗으며
지름 3~4mm다. 줄기는 능각이 없고 둥글다. 잎은 타원형으로
4~5장이 어긋나는데, 길이 7~9cm로 끝이 좁아지고 표면은 녹색
이며, 잎자루가 약 1.2cm다. 꽃은 6~7월에 잎겨드랑이에서 나오
는 꽃자루에 1~2송이가 달리며 아래를 향한다. 꽃은 노란색으로
통 모양이고, 길이 1.8~2.4cm다. 포 길이는 7mm 이하로 맥이 없
고 얇은 막질이며, 작은 꽃자루 기부에 달린다. 수술대는 납작하
고 'S 자형'으로 구부러지는데, 표면에 돌기가 많다. 열매는 장과
(漿果)로 둥글고, 녹색에서 검은색으로 익는다.

11
가리산과 민백미꽃

5월 31일, 6월 6일

강원도 홍천군과 춘천시의 경계에 자리한 가리산(1051m) 정상에는 특이하게 생긴 바위가 세 개 있다. 바위라고 했지만 작은 산을 연상케 할 정도로 규모가 크다. 가까이 가보면 그 웅장함을 느낄 수 있고, 입구 쪽 도로변에서 봐도 정상을 금세 알아차릴 만큼 산 가운데 우뚝 솟은 형상이 인상적이다. 이 모습이 '단으로 묶은 곡식이나 땔나무를 차곡차곡 쌓아둔 더미'를 뜻하는 순우리말 가리를 닮아서 붙인 이름이다.

가리산 정상 바위

쪽동백나무

산행은 가리산자연휴양림에서 출발해 능선 길을 따라 정상부로 가는 코스를 주로 택한다. 산행을 시작하면 잔털제비꽃, 둥근털제비꽃, 졸방제비꽃이 눈에 띄고, 가끔 생강나무나 쪽동백나무 같은 나무가 주변을 둘러싼다. 정상부는 우리나라 중부지방의 높은 지역을 책임지는 신갈나무 숲이 대부분이다.

휴양림 끝에서 약 1.2km 가면 계곡 삼거리를 만난다. 방향을 틀어 가삽고개 쪽으로 향하면 계곡은 없어지고 능

참나물

선을 향하는데, 1.7km 정도 가야 고개가 나온다. 능선 길을 만나면 정상으로 가는 길은 거의 편평하다. 정상에 서면 동쪽으로 휴양림이 한눈에 들어오고, 동북쪽으로 설악산 자락이 보인다.

정상에서 내려오면 편평한 초지같이 휑하니 뚫린 숲이 제일 먼저 눈에 띈다. 넓은 신갈나무 숲이지만 중간층이 빈약해, 바닥에는 풀 종류가 들어차 있다. 그중 으뜸은 참나물이다. 가끔 삿갓나물, 단풍취, 은대난초 등이 보이지

단풍취

만, 먹을 수 있어서인지 참나물이 많은 것 같다. 그 위로 듬성듬성한 고광나무와 물참대의 흰 꽃이 녹색 풀과 어우러져 아름답다.

하산 길로 접어들어 석간수를 지나 남릉 삼거리까지 1.1km 정도인데, 2019년 6월 6일에 가보니 그 주변에 민백미꽃이 잔뜩 피어 있었다. 1km 능선 길을 더 내려오면 계곡 삼거리를 다시 만난다.

우리나라에서 자라는 백미꽃속*Cynanchum* 식물은 10종류
다. 이들은 줄기가 덩굴성인 큰조롱과 덩굴박주가리, 세포
큰조롱, 곧게 자라거나 줄기 위쪽이 약간 덩굴성인 산해박
이나 백미꽃 종류로 나뉜다. 큰조롱 뿌리는 백하수오白何首
烏, 백수오白首烏라 하며 강장제로 사용한다. 무분별한 채취
로 개체 수가 줄고, 길게 연결된 도라지 뿌리처럼 생긴 다
른 식물의 뿌리도 진짜처럼 판매되니 주의가 필요하다.

하수오何首烏라는 식물도 있다. 이름만 보면 백하수오와
비슷한 종류로 생각하기 쉬운데, 마디풀과Polygonaceae에
속하는 덩굴성으로 전혀 다른 식물이다. 적하수오赤何首烏
라 부르기도 하며, 덩이뿌리는 콜레스테롤 수치를 낮추고
혈관 질환과 종기를 치료하는 약재로 사용한다.

백미꽃속 식물 가운데 백미꽃이란 우리 이름이 붙은 것
은 4종류로, 줄기 윗부분이 덩굴지는 덩굴민백미꽃을 제
외한 나머지는 각각 특징이 있다. 백미라는 단어는 흰쌀이
생각나지만, 한방에서 이 식물 뿌리를 '백미白薇'라고 부르
는 데서 기원한 이름이다. 꽃도 흰색이 아니고 진한 자색
이며, 잎 뒷면에 털이 있다.

선백미꽃은 꽃자루가 1cm 이하로 짧고, 꽃은 지름이 약
7mm에 밝은 황색이다. 민백미꽃은 꽃잎 길이가 2cm로

백미꽃속 식물 중 가장 크고, 꽃이 흰색이다. 민백미꽃은 전국에 분포하지만, 커다란 군락을 형성하지 않는다. 가리산에는 정상부 아래쪽 편평한 등산로 주변에 줄지어 자라는 듯 보이며, 흰 꽃이 주변에서 자라는 녹색 잎과 어우러진다.

민백미꽃의 속명 *Cynanchum*은 그리스어 cyno(개)와 anchein(죽이다)의 합성어로, 개에게 독이 된다고 생각한 어떤 종에 대한 그리스 이름에서 유래했다. 종소명 *ascyrifolium*은 '물레나물과Hypericaceae *Ascyrum*속 식물의 잎과 비슷하게 생겼다'는 뜻으로, 대부분 달걀을 닮은 타원형이나 타원형이다. 한방에서는 민백미꽃의 뿌리를 백전白前이라 하며, 기침이나 천식에 따른 고열에 사용한다.

유사종 : 선백미꽃

박주가리과

지방명 개백미, 민백미, 흰
백미

분포 전도

용도 약용

특기 사항 식물구계학적 특
정 식물 Ⅰ등급

민백미꽃 *Cynanchum ascyrifolium* (Fr. & Sav.) Matsumura

여러해살이풀로 줄기는 곧추서고 녹색으로 높이 30~60cm,
전체에 잔털이 있다. 잎은 마주나고 타원형이나 달걀을 거꾸
로 놓은 타원형이다. 길이 8~15cm에 너비 4~8cm로, 끝이
뾰족하고 가장자리는 밋밋하다. 잎 뒷면은 연녹색이 돌고,
잎자루는 1~2cm다. 5~7월에 흰 꽃이 줄기 끝과 윗부분 잎
겨드랑이에 산형꽃차례처럼 달리며, 짧은 꽃자루는 1~3cm
다. 꽃받침은 5개로 갈라지고 넓은 피침형이다. 꽃잎은 길이
2cm로 깊게 5개로 갈라지며 털이 없다. 열매는 골돌로 넓은
피침형이다.

12
오음산과 복분자딸기

4월 5일, 6월 20일

내 고향 횡성에는 오음산(930m)과 삼마치라는 고개가 있
다. 오음산은 초등학교나 중학교 교가에 마을 앞을 흐르는
금계천과 더불어 항상 등장했다. 하지만 어느 산이 오음산
인지 모르다가 어른이 돼서 차를 몰고 삼마치를 넘어가다
가 알았고, 환경부 전국자연환경조사에서 이 지역을 조사
할 기회를 얻고야 처음으로 갔다.

오음산으로 가는 길은 삼마치 진입로 1km쯤 앞에 있는
삼마치체험의숲 근처에서 출발해 옛날 헬기장을 지나 정

공근면 창봉리에서 본 오음산

노루오줌

우산나물

줄딸기

상－샘터－임도를 따라 어둔리로 내려오는 약 13km 코스
가 있다. 이 코스는 대부분 능선 길이다. 입구는 약간 북사
면 쪽이라 노루오줌, 야산고사리, 피나물 등 습한 곳에서
자라는 종류가 보이더니 이내 노간주나무, 삽주, 우산나물
같은 종류가 나타나기 시작했다. 숲은 신갈나무와 굴참나
무, 고로쇠나무, 진달래 등이 우점하고 큰 나무가 없는 곳
은 다래와 줄딸기, 미역줄나무 같은 덩굴성 떨기나무가 주
로 분포했다.

미역줄나무

능선 길을 가다가 정상이 약 1km 남은 쉼터부터 밧줄을 타고 올라야 한다. 한바탕 밧줄과 씨름하며 능선부에 도착하면 군사 지역과 인접한 정상이다. 정상부에는 신갈나무가 우점하고 작은 나무는 미역줄나무가 많이 자라며, 안쪽에 드문드문 철쭉이 있다. 초본은 새, 질경이 등이 많다.

정상에는 월운리, 창봉리, 어둔리, 삼마치로 향하는 길 팻말이 있어 내려갈 곳을 정하면 된다. 쉬운 길은 군부대 옆을 지나 공근면 어둔리로 내려가는 군 작전 도로다. 이 길을 따라가다 보면 외국에서 들어온 귀화식물이 많다. 생태계 교란 식물인 애기수영, 돼지풀, 미국쑥부쟁이 등은 저지대나 마을 주변, 길가에 자란다. 다른 특징은 계곡 주변에 복분자딸기가 많다는 점이다. 어둔리에서 재배하던 것이 야생화했는지 모르지만 제법 많은 개체가 보인다.

열매가 오목한 그릇을 엎어놓은 모양을 닮아 복분자覆盆子란 이름을 얻었다. 사람들은 '복분자딸기를 먹고 오줌을 누면 요강이 뒤집어진다'는 뜻으로 해석하기도 한다. 그만큼 기운을 북돋우는 효과가 있다고 해서 요즘은 정력제로 소문이 났다. 전북 고창에서는 복분자축제를 열고, 풍천장어와 함께 먹는 단짝 친구로 복분자주를 추천한다. 복분자는 먹는 방법도 다양하다. 열매를 그대로 먹는 것은 생과와 말리거나 얼린 형태로 판매하고, 가공한 것은 분말이나 추출액, 술 등으로 상품화하는데 값이 만만치 않다.

복분자 생산량은 주로 재배에 의존하는데, 2000년대 초반부터 그 면적이 급속도로 증가했다. 2010년 이후 농촌 고령화에 따른 노동력 감소로 가시투성이인 줄기를 헤쳐가며 수확할 여력이 없고, 연작으로 발생한 병충해 때문에 재배 면적이 감소했다. 그러다 보니 예전부터 유명하던 전북 고창군과 순창군, 정읍시 등 몇 곳을 제외하면 현재 대단위로 재배하는 곳이 없다. 오음산에는 야생인지 재배하던 것이 야생화했는지 알 수 없지만, 마을과 인접한 도로변 하천이나 계곡에서 자란다.

복분자딸기의 줄기 특징도 재미있다. 줄기는 대부분 굽어 자라는데, 끝이 땅에 닿으면 뿌리를 내린다. 휘묻이처럼 무성적으로 개체가 만들어지는 것이다. 그러면 줄기는 활처럼 휘고, 여러 개가 이런 식으로 만들어지면 울타리로도 활용할 수 있을 듯하다. 복분자딸기와 비슷한 가시복분자딸기는 잎 길이가 1~2cm로 짧아 차이가 있으며, 멍석딸기는 소엽이 3장이고 줄기에 털이 없어 구별된다.

복분자딸기의 속명 *Rubus*는 오래된 라틴어 이름으로, '붉은ruber 열매가 달리는' 특징에서 유래했다. 종소명 *coreanus*는 '한국에서 자란다'는 뜻이다. 한방에서는 복분자딸기, 줄딸기, 섬딸기, 나무딸기, 곰딸기, 거지딸기, 가시복분자딸기의 덜 익은 열매를 복분자라 한다. 신장이 허약해서 나타나는 증상을 치료하고, 간 기능을 활성화하며, 흰 머리카락을 검게 하는 효과가 있다.

유사종 : 멍석딸기

장미과

지방명 곰딸, 곰의딸, 복분
자, 복분자딸, 민복분자딸
기, 푸른복분자딸기

분포 전도

용도 식용, 약용

특기 사항

복분자딸기 *Rubus coreanus* Miquel

낙엽활엽 떨기나무로 높이 1~3m, 줄기 끝이 휘어 땅에 닿으
면 뿌리가 난다. 줄기는 자줏빛이 도는 붉은색이고, 흰 가루
로 덮였으며 가시가 있다. 잎은 어긋나고 5~7장으로 된 복
엽이며, 엽축에 가시가 있다. 잎은 달걀모양, 거꾸로 된 달걀
모양, 타원형 등 다양하다. 잎 길이는 3~7cm로 밑이 둥글
고 끝은 뾰족하며, 가장자리에 불규칙하고 예리한 톱니가 있
다. 5~6월에 붉은 꽃이 가지 끝에 산방꽃차례로 달린다. 꽃
받침과 꽃잎은 각 5장이다. 열매는 집합과(集合果)로 반구형
이며, 검붉은 색으로 익는다.

13
금병산과 생강나무

5월 12일, 6월 20일

실레마을에 김유정문학촌이 조성되고, 신남역을 2004년 국내 최초로 사람 이름을 넣어 김유정역으로 바꾼 뒤에 많은 사람이 금병산(652m)을 찾는다. 금병산은 김유정의 단편소설 〈동백꽃〉의 주 무대다. 지금은 문학촌 주변으로 김유정의 여러 소설에 등장한 인물들이 어울려 놀던 길이 실레이야기길로 정비됐다.

금병산을 좀 아는 사람은 원창고개에서 출발해 정상을 거쳐 문학촌으로 내려가는 길을 택한다. 문학촌에서 산행

잣나무 숲속의 등산로

소나무와 굴참나무, 신갈나무, 일본잎갈나무 혼합림

을 시작하면 계속 오르막길이고, 원창고개로 내려가면 교통편이 좋지 않기 때문이다. 원창고개에서 정상까지 2.6km라 마음먹고 걸으면 한 시간 이내에 도착할 수 있다.

 등산로 시작을 알리는 첫 번째 이정표에서 산 쪽을 올려다보면 크게 자란 일본잎갈나무 숲이 반겨준다. 잣나무 숲을 지나 정상까지 1.51km 남았다는 이정표부터 오르내리기를 반복하는 능선 길이 시작된다. 정상으로 이어지는 능선 길은 소나무와 떡갈나무, 굴참나무, 신갈나무, 일본잎

땅비싸리

갈나무 등이 혼합림을 이루고, 초본은 은방울꽃과 삽주가 눈에 띈다. 간혹 붉은 꽃이 매혹적인 땅비싸리도 보인다.

정상에서 내려가는 길은 크게 세 갈래다. 김유정문학촌으로 바로 내려가는 길, 실레마을 앞쪽 능선을 끝까지 따라 내려가는 길, 능선을 타다가 중간에 골짜기로 빠져 저수지 쪽으로 내려가는 길이다. 마지막 길을 권한다. 골짜기가 좋고, 생강나무가 있기 때문이다. 김유정문학촌 방향 표지판이 있는 곳이다. 하산 길은 원창고개에서 올라올 때

세 갈래 길 이정표

의 경사와 비슷하다. 15분쯤 내려가면 세 갈래 길이 나오고, 갈림길 바로 앞쪽 나무가 소설에 등장하는 (동백나무라 불리는) 생강나무다. 저수지 근처에는 능선 길 끝에서 내려오는 길이 합류하며, 실레마을이 펼쳐진다.

생강나무와 생강, 또 생강나무 하면 항상 등장하는 산수유나무와 동백나무의 관계가 있다. 얼핏 보면 연관성이 없는 듯하지만 하나씩 풀어가다 보면 이야기가 엮인다. 생강나무는 잎과 줄기 껍질을 벗겨 냄새를 맡아보면 생강 냄새가 난다고 붙은 이름이다. 생강은 이름이 비슷하지만 생강과Zingiberaceae에 속하는 여러해살이풀이다. 열대 아시아가 원산이고, 땅속으로 자라는 뿌리줄기를 향미료나 약으로 이용하며, 우리나라는 주로 남쪽 지방에서 재배한다.

산수유나무는 이른 봄에 잎보다 꽃이 먼저 피고, 꽃 색깔과 꽃차례가 비슷해 생강나무와 혼동하기 쉽다. 산수유나무 꽃에는 길이 1cm 꽃자루가 있고, 생강나무는 꽃자루가 없는데 말이다. 산수유나무는 층층나무과Cornaceae에 들어 소속도 완전히 다르다.

동백나무는 춘천을 대표하는 소설가 김유정의 단편소설 〈동백꽃〉 때문에 한동안 춘천에서도 자라는 것으로 오해를 샀다. 생강나무가 동백나무로 불린 데는 사연이 있다. 남쪽에서는 동백나무 열매로 기름을 짜 머릿기름으로 사용했는데, 서울 이북 지역에는 동백나무가 자라지 못해 이 기름을 구할 수 없었다. 생강나무 열매에 기름 성분이 많고 향기도 좋아 우연히 기름을 짜서 사용해보니, 동백기름을 대신할 정도로 훌륭했다. 처음에는 이 나무를 '가짜 동백나무'라는 뜻으로 개동백나무라 부르다가, 이후 산동백나무 혹은 아예 남쪽에서 자라는 동백나무와 같은 이름으로 사용한 것이다.

소설에 나오는 동백꽃은 춘천에서 동백나무로 불리는 생강나무 꽃을 뜻한다. 이 때문인지 실레마을에 조성된 김유정문학촌 주변에는 생강나무가 많고, 금병산 자락에서 자라는 생강나무에는 이런 내용을 설명한 표지판이 걸렸다.

생강나무와 비교하면 잎이 전혀 갈라지지 않는 것을 둥근잎생강나무, 잎 뒷면에 털이 있는 것을 털생강나무라 하여 품종으로 취급하지만 연속적인 변이로 보는 학자도 있다. 생강나무의 속명 *Lindera*는 스웨덴 식물학자 요한 린데르Johann Linder(1676~1723)에서 유래했으며, 종소명 *obtusiloba*는 '길이의 1/3 정도가 갈라지고 끝이 둔하다'는 뜻이다. 한방에서 생강나무 껍질은 삼첩풍三鉆風이나 황매목黃梅木이라 하며, 타박상으로 생긴 피멍과 산후 몸이 붓고 팔다리가 아픈 증상을 치료하는 데 쓴다.

유사종 : 산수유나무

녹나무과

지방명 개동백나무, 동백나무, 아구사리, 아귀나무, 둥근잎생강나무, 고로쇠생강나무, 산동백나무

분포 거의 전도

용도 식용, 약용, 관상용

특기 사항

생강나무 *Lindera obtusiloba* Blume

낙엽활엽 떨기나무로 높이 3~6m, 나무껍질이 암회색이며 겨울눈은 타원형이다. 잎은 어긋나고 달걀을 닮은 원형으로 길이 5~15cm, 너비 4~13cm다. 윗부분은 3~5개로 얕게 갈라지고, 잎맥은 기부에서 3개가 나며, 길이 1~2cm 잎자루가 있다. 노란 꽃이 암수딴그루에 달리며, 3월에 잎보다 먼저 핀다. 꽃자루 없이 여러 개가 산형꽃차례에 많이 달리고, 꽃잎 6장과 꽃받침으로 구성된다. 열매는 장과로 둥글며, 처음에는 녹색이다가 9월에 검은색으로 익는다.

14
백암산과 노랑제비꽃

6월 27일

강원도에서도 오지로 소문난 홍천군 내촌면과 인제군 상남면을 잇는 지방도 451호선의 한 고개에 전설이 있다. 옛날에 결혼식을 올린 지 사흘째 되던 날 이 길을 내는 공사에 부역을 간 새신랑이 길을 다 내고 돌아오니 아이가 생겨 아홉 살이더라는 이야기다. 그래서 이 고개를 아홉사리재라 부른다고 한다. 굽이굽이 고갯길을 따라 안쪽으로 들어가면 조용하고 사람들이 잘 찾지 않는 백암산(1099m)이 있다. 이 산 남쪽으로 응봉산(1103m), 북쪽으로 가마봉

가령폭포

애기나리

(1192m), 북서쪽으로 소뿔산(1118m)이 연결돼 한 폭의 산수화가 펼쳐진 듯하다.

백암산에 오르는 길은 여럿인데, 가령폭포를 지나 능선쪽으로 올라가 정상에서 다시 능선을 타고 폭포나 율곡교방면으로 내려오는 9.1km 코스가 하루 산행에 적당하다. 계곡을 따라가다 폭포를 돌아 오르막길로 계속 가면 단풍취, 우산나물, 삽주, 애기나리, 쪽동백나무, 굴참나무, 황고사리가 보이고, 철쭉과 진달래, 생강나무 등 떨기나무가

우점하여 분포한다. 올라갈수록 신갈나무 같은 넓은잎나
무가 많다가 어느 순간부터 조릿대가 나타난다.

정상으로 가는 길은 수종을 바꾸기 위해 나무를 베고 잣
나무를 심고 임도를 개설한 곳에서 반대 방향이다. 그 길
을 따라가면 은방울꽃, 노루귀, 얼레지, 은분취, 눈빛승마,
원추리, 금강제비꽃, 둥근이질풀, 동자꽃, 어수리, 나비나
물, 양지꽃, 백당나무가 차례로 얼굴을 내민다. 참나무 종
류의 키도 작아지고 정상 가까운 곳에 노랑제비꽃 군락이

금강제비꽃

보인다. 봄에 오면 바닥을 노란색으로 뒤덮었으리라.

백암산 계곡 750m 부근에는 모데미풀이 있다. 특이하게 홍도까치수영도 이곳에 있다. 홍도까치수영은 앵초과 Primulaceae에 드는 여러해살이풀로 홍도에서 처음 발견했는데, 2010년 강원도 평창 두타산에서 발견해 내륙지역에 분포하는 게 최초로 알려졌다. 그 후 훨씬 북쪽인 백암산에서도 발견해 이곳이 북쪽 한계선이 아닌가 추정한다.

백당나무

우리나라에 자라는 제비꽃 60여 종 가운데 가장 아름다운 것을 추천하라면 노랑제비꽃을 들겠다. 대부분 무리 지어 자라기 때문이다. 백암산 정상부에 있다. 제비꽃을 나누는 기준은 뚜렷한 줄기 유무, 꽃 색깔이 가장 중요한 형질이다. 이른 봄 '팬지'라고 부르는 삼색제비꽃도 제비꽃 종류인데, 화분에 심은 삼색제비꽃은 인공미가 지나쳐 반갑지 않다. 노랑제비꽃은 4월부터 꽃이 핀다. 눈이 녹고 꽃 소식이 들릴 때쯤 뒷동산에 오르면 여지없이 보인다. 행운이 따르면 몇 개체 안 되는 흰 꽃도 만날 수 있다.

2013년 《특징으로 보는 한반도 제비꽃》을 펴냈는데, 노랑제비꽃이 '비교적 높은 곳에서' 자란다고 썼다가 난감한 일을 겪었다. 서울에 사는 분이 자기 집 뒷동산에도 노랑제비꽃이 지천이라고 댓글을 달았기 때문이다. 연구 재료를 수집하기 위해 전국으로 다니기는 해도 어지간한 종류는 강원도에서 수집한 것을 사용한다. 강원도 산은 해발고도가 높아 산행 시작점이 400~500m 이상이니, 그곳에서 노랑제비꽃을 만났다면 '비교적 높은 곳에서' 자란다고 해도 될 것 같아 책에 그대로 넣었다가 생긴 일이다.

노랑제비꽃과 형태적으로 비슷한 털노랑제비꽃은 뿌리가 가늘고 길며, 폐쇄화가 있고, 종자가 연갈색이나 진갈색이다. 털노랑제비꽃은 잎의 크기와 가장자리 톱니 수에 따라 한라털노랑제비꽃, 오대털노랑제비꽃으로 구분하는 학자도 있다.

노랑제비꽃의 속명 *Viola*는 라틴어에서 기원했는데, 제비꽃을 가리키는 그리스의 옛 이름 이오네Ione에서 유래했다고 한다. 종소명 *orientalis*는 '동쪽 지역에서 자란다'는 뜻이다. 한방에서는 제비꽃 종류 지상부를 자화지정紫花地丁이라 하며, 종기나 발진, 맹장염에 사용한다.

유사종 : 노랑제비꽃(흰색 꽃)

제비꽃과

지방명 노랑오랑캐, 노랑오
랑캐꽃
분포 전도
용도 약용
특기 사항 식물구계학적 특
정 식물 Ⅱ등급

노랑제비꽃 *Viola orientalis* (Maxim.) W. Becker

여러해살이풀로 줄기는 한 뿌리에서 여러 개가 뭉쳐난다. 높
이 10~20cm, 털이 없다. 뿌리에서 올라온 잎은 심장 모양으
로, 길이와 너비는 2.5~4cm다. 잎자루는 잎의 3~5배 길고,
붉은빛을 띤 갈색이다. 줄기에 달리는 잎은 위쪽에 3~4장
이 모여난다. 턱잎은 넓은 달걀모양으로 가장자리에 톱니가
없다. 꽃은 4~6월에 노란색으로 피고, 잎겨드랑이에서 길이
2~4cm 꽃자루가 나와 1송이씩 달리며, 가운데 포가 있다.
꽃은 좌우대칭으로 옆 꽃잎에 털이 있고, 꽃뿔은 1mm로 짧
다. 열매는 삭과로 달걀모양이다.

15
두타산 무릉계곡과 서어나무

9월 5일

무릉계곡은 국민관광지 1호이자, 동해안 4대 명승 가운데 하나다. 이름도 중국의 무릉도원과 비슷한 절경이라 하여 붙였다고 한다. 계곡을 따라 올라가면 왼쪽이 두타산(1357m), 오른쪽이 청옥산(1403.7m)이다.

두타산 산행은 삼척시 댓재 고갯마루에서 출발해 통골재를 지나 정상을 거쳐 무릉계곡 쪽으로 내려오는 코스를 주로 선택한다. 동해시 쪽에서 출발하면 무릉계곡을 거쳐 쌍폭포와 박달재 능선을 지나 정상에 도달한 뒤, 두타산성

용추폭포

을 지나 무릉계곡으로 내려오는 순환 경로가 있다. 하지만 이 길은 약 15.5km나 돼서, 말 그대로 종일 걸어야 하는 코스다.

청옥산은 박달재 능선을 만난 뒤 오른쪽으로 1.4km 가면 정상에 이른다. 청옥산에서 무릉계곡으로 내려가는 길은 다양하다. 연칠성령, 학등, 신선봉을 통해갈 수 있고, 주변에는 하늘문과 사원터, 칠성폭포, 용추폭포 등 볼거리가 많다.

소나무와 굴참나무, 졸참나무 숲

두타산과 청옥산은 우리나라 중·북부 낙엽활엽수림을
대표할 정도로 숲이 좋다. 남쪽 사면 곳곳에 둘레가 1m에
달하는 거목이 분포하고, 고사한 소나무도 볼 수 있다. 이
곳에서 자라는 식물은 680여 종류로, 남쪽과 북쪽 사면에
고르게 분포한다.

산에 오르기 싫어하는 사람이라면 계곡을 따라 삼화사
를 지나 쌍폭포와 용추폭포에 다녀오는 코스도 좋다. 두
시간이면 충분하고, 계곡 주변으로 넓은 길이 펼쳐지기 때

줄기가 굽은 서어나무

문이다. 매표소를 지나면 다리를 건너야 한다. 계곡 물줄
기가 온갖 걱정을 쓸어 갈 듯 요란하게 흐르는데, 마음까
지 시원하다. 다리 주변으로 붉나무가 보이고 서어나무도
눈에 띈다. 계곡 양쪽 산자락 숲은 금강소나무 붉은 줄기
가 크고 넓은 가슴으로 반겨주듯 큰 군락을 이룬다. 한여
름이면 계곡 바위에 피서객이 가득하고, 큰 바위마다 수많
은 시인 묵객이 남긴 흔적이 멋지다.

무릉반석

천연기념물과 멸종 위기 야생 생물 I급으로 지정·보호되는 장수하늘소가 사는 대표적인 장소는 강원도 춘천시와 강릉시 소금강, 경기도 국립수목원의 소리봉 일대로, 대부분 수령이 오래된 서어나무나 참나무 종류가 우점하는 숲이다. 서어나무와 장수하늘소의 관계는 점봉산을 조사할 때 들은 적이 있다. 한동안 점봉산 진동계곡이 우리나라에서 유일한 원시림이라는 이야기가 있었다. 계곡의 아름드리 서어나무에 장수하늘소가 살고, 주변에는 우리나라 특산 식물인 금강초롱꽃과 많은 희귀 식물이 자라기 때문이다.

돌이켜보면 그렇게 큰 서어나무를 본 적이 없고, 숲도 나무로 꽉 차서 뭔가 심상치 않았다. 특히 서어나무의 밝은 회색 줄기에 우람한 근육처럼 울퉁불퉁한 표면과 주렁주렁 달린 꽃과 열매가 그런 분위기를 연출했다. 지금 그곳은 근처 숙박 시설뿐 아니라 매일 수백 명에 이르는 곰배령 탐방객으로 일대가 많이 달라졌다.

사람이 많이 찾아오기는 두타산 무릉계곡도 마찬가지다. 하지만 무릉계곡은 사람들이 주로 가는 폭포까지 거리가 멀고, 서어나무 개체 수도 많다. 계곡과 폭포의 힘찬 물줄기가 흐르는 주변 길에 늘어선 개체들이 10m 이상으로 자라, 그곳을 지키는 파수꾼 같다.

서어나무와 형태적으로 가장 비슷한 종류는 전북 내장산과 전남 조계산에 분포하는 우리나라 특산종 긴서어나무다. 암꽃 꽃차례 길이가 10~16cm, 포는 꽃차례 하나에 48~72개가 달려 서어나무와 다르다. 서어나무의 속명 *Carpinus*는 옛 라틴어 이름이라고도 하며, 켈트어 car(나무)와 pin(머리)의 합성어라고도 한다. 종소명 *laxiflora*는 '꽃이 드문드문 달린다'는 뜻이다. 민간에서는 서어나무 수액을 골다공증에 사용한다.

유사종 : 긴서어나무(사진 전정일)

자작나무과

서어나무 *Carpinus laxiflora* (S. et Z.) Blume

낙엽활엽 큰키나무로 높이 15m, 지름 1m까지 자란다. 줄기는 울퉁불퉁하고 껍질은 회색이며, 가지와 겨울눈에 털이 없다. 잎은 달걀모양이나 타원형으로, 길이 5.5~7.5cm에 너비 2.5~4cm다. 잎끝이 꼬리처럼 길게 뾰족해지고, 가장자리에는 겹톱니가 있다. 잎맥은 10~13쌍이고, 뒷면 맥 위에 잔털이 있으며, 잎자루는 6~18mm다. 꽃은 5월에 피고, 암수한그루로 꼬리처럼 길게 늘어지는 5~10cm 미상꽃차례에 달린다. 열매는 긴 원기둥꼴로 달리고, 포는 꽃차례마다 14~50개다. 견과(堅果)는 달걀이나 신장 모양으로 10월에 익는다.

16

덕봉산과 순비기나무

6월 28일

하천이 바다와 만나는 곳을 흔히 기수역汽水域 혹은 하구역河口域이라고 한다. 민물과 바닷물이 섞이는 곳이기 때문에 이런 환경에 적응한 생물이 주로 산다. 동해안의 기수역 가운데 가장 특이한 곳은 삼척시에 있는 마읍천 하류지역이다. 이곳에 4km에 달하는 맹방해변과 덕산해변을 둘로 나누며 바다에 닿은 덕봉산(53.9m)이 있다. 산기슭 절반은 바다와 맞닿고, 나머지 절반은 덕산해변과 근덕면 덕산리의 마읍천이 연결된다. 산 아래 바닷가 쪽에는 크고

덕봉산과 마읍천 연결부

갯메꽃

작은 갯바위가 운치를 더한다.

　마읍천 끝부분 가장자리에는 갈대가 군락을 이룬다. 맹
방해변 방향으로 하천을 가로지르는 다리가 놓였다. 그 다
리를 건너가 뒤돌아서 덕봉산 쪽을 바라보면 산과 하천,
다리가 어우러져 한 폭의 풍경화 같다.

　덕봉산 해변을 걷다 보니 모래톱 주변으로 갯메꽃과 해
당화, 좀씀바귀, 갯그령, 순비기나무 같은 바닷가식물이
눈에 띈다. 마디풀과 실새삼, 참새귀리, 솔나물, 족제비싸

해당화

리, 바랭이, 다닥냉이, 명아주 등 햇빛이 잘 드는 땅에서 자라는 종류도 많다.

식물은 보통 소금기가 있으면 살지 못하는데, 바닷가식물은 소금기가 있어도 잘 자란다. 바닷가식물은 갯가 식물, 염생식물이라고도 한다. 갯강활, 갯보리, 갯기름나물, 갯완두, 갯방풍처럼 주로 이름에 바닷물이 드나드는 곳을 뜻하는 '갯(개)' 자가 들어간다.

솔나물

우리나라에 자라는 염생식물은 총 94종이다. 과별 종 다양성은 명아주과Chenopodiaceae가 14종으로 가장 많고, 다음으로 벼과Gramineae 13종, 국화과Compositae 12종, 사초과Cyperaceae 10종 순이다. 해안 지역 모래땅에 자라는 사구식물 종류가 26분류군으로 가장 많고, 초본이 대부분이나 해당화와 순비기나무 같은 목본도 있다.

장미과Rosaceae에 드는 해당화는 꽃이 크고 많은 품종으로 개량되어 인기가 높지만, 순비기나무를 아는 사람은 드물다. 그러나 순비기나무는 바닷가 모래 속으로 뻗어가며 자라는 뿌리의 생존력이 강하고, 앞뒤 색깔이 다른 잎이 독특하며, 여름부터 피는 보라색 꽃이 활짝 핀 장미꽃 부럽지 않을 정도로 아름답다. 군락을 형성하는 곳은 더 그렇다. 순비기나무가 자라는 해안사구에는 갯그령, 모래지치, 갯메꽃, 통보리사초 등이 있다. 덕봉산에서도 산과 인접한 바닷가 쪽으로 가면 만날 수 있다. 우리나라에 자라는 순비기나무속에는 좀목형과 순비기나무 두 종류가 있다.

순비기나무라는 우리 이름은 제주도 방언으로 숨비나무라고 한다. 해녀들이 바닷속에서 숨을 참고 물질하다가 물 위로 올라올 때 내는 '숨비 소리'에서 유래한 듯하다. 해녀들이 물질 때문에 생긴 두통을 없애기 위해 이 나무 열매를 이용한 것도 관련이 있다.

순비기나무의 속명 *Vitex*는 라틴어 vieo(매다)에서 유래
했는데, *Vitex*속에 드는 나무의 가지로 바구니를 만들었
다고 한다. 종소명 *rotundifolia*는 '잎이 둥글다'는 뜻이다.
한방에서는 순비기나무의 열매를 만형자蔓荊子라 하며, 어
지럼증이나 눈이 충혈되는 증상, 두통을 완화하는 데 사용
한다.

유사종 : 좀목형

마편초과

지방명 숨비나무, 만형, 만형자, 만형자나무, 풍나무

분포 강원, 경북, 경남, 전남, 제주

용도 약용

특기 사항 식물구계학적 특정 식물 II등급

순비기나무 *Vitex rotundifolia* L. fil.

상록활엽 떨기나무로 높이 30~80cm, 줄기는 모래 속으로 자라 옆으로 길게 뻗는다. 가지는 네모지고 곧추서거나 비스듬히 자라며, 전체에 회백색 털이 있어 흰 가루로 덮인 것처럼 보인다. 잎은 마주나고 넓은 달걀모양이나 타원형이며, 길이 2~6cm에 너비 1.5~4cm다. 잎끝이 둥글거나 둔하고, 밑은 넓은 쐐기 모양이며, 가장자리에 톱니가 없고 잎자루는 5~7mm다. 7~9월에 짙은 자색 꽃이 가지 끝에 수상원추꽃차례로 달리며, 꽃자루가 짧다. 열매는 핵과(核果)로 둥글고, 9~10월에 흑자색으로 익는다.

17
노추산과 참좁쌀풀

6월 25일

　강원도에는 개발된 곳이 많지만, 여전히 혀를 내두를 만한 오지도 제법 있다. 대표적인 예가 노추산(1322m) 기슭에 들어앉은 강릉시 왕산면 대기리다. 노추산은 신라 시대 설총과 조선 선조 때 율곡 이이 선생이 학문을 닦던 곳으로 유명하다. 이분들이 중국 노나라의 공자, 추나라의 맹자와 비슷하다는 뜻으로 산 이름을 붙였다.

　노추산 등산로는 정선군 여량면 구절리를 중심으로 나 있다. 모정탑 입구에서 정상까지 5.2km 거리다. 약 3km

함박꽃나무

는 등산로와 임도를 따라 연결되고, 해발 938m 부근 쉼터
부터 본격적인 산행이 시작된다. 정상까지 2.2km가 남았
다는 표시가 있다.

숲은 아주 건강하고 원시림에 가까울 정도로 풍성하다.
등산로가 가팔라질 무렵부터 보이던 철쭉, 진달래, 당단풍
나무, 국수나무, 미역줄나무와 산앵도나무를 지나면 이내
능선을 만난다. 함박꽃나무 흰 꽃이 주변의 녹색과 어우러
져 고상한 품격을 더한다.

율곡 선생 구도장원비

노추산 정상 부근에 이성대二聖臺라는 2층 건물이 있는데, 안쪽에 설총과 율곡 선생의 위패와 초상화를 모셨다. 정상 북서쪽 아래 괴병산 입구에는 아홉 번 장원급제 한 율곡 선생이 이곳에서 학문을 닦으며 쓴 글을 새긴 '구도장원비九度壯元碑'가 있다.

이보다 눈길을 끄는 건 2011년 세상을 떠난 차순옥 여사가 자식과 가정의 안녕을 기원하며 26년 동안 쌓은 돌탑 3000기다. 이 모정탑母情塔은 마이산탑(전북기념물)처럼 크

움막과 주변 돌탑

고 시원하진 않지만 간절함이 느껴지는 묘한 기운이 있다.
1km 남짓한 모정탑길은 산세가 좋고 숲도 발달했다. 이
길에서 큰까치수염의 순백색 꽃, 좁쌀풀과 참좁쌀풀의 노
란 꽃을 만났는데 차 여사의 얼굴을 보는 것 같아 가슴이
먹먹했다.

이름에 '좁쌀'이란 단어가 들어간 작은 식물은 모두 참좁
쌀풀속Lysimachia에 들며, 우리나라에는 11종이 자란다. 좁

큰까치수염

쌀풀과 참좁쌀풀, 좀가지풀을 제외한 나머지 8종 이름에는
'까치수염'이 들어간다. 그렇다고 8종 모두 비슷하진 않다.
버들까치수염은 북한의 높은 산 습기가 많은 곳에서 자라
고, 잎은 마주나거나 돌려나며, 꽃은 황색이고, 꽃 구성 요
소가 여섯 개다. 잎이 어긋나고 꽃은 흰색이나 붉은색을
띠는 흰색이며, 꽃 구성 요소가 다섯 개인 다른 종류와 뚜
렷이 구별되어 이름과 완전히 다르다.

　이 속에 드는 식물은 키가 작지 않다. 줄기가 7~20cm로

좁쌀풀

가장 작은 편인 좀가지풀을 제외하면 까치수염 종류 8종
은 30~100cm, '작다'는 이름이 붙은 좁쌀풀과 참좁쌀풀도
40~100cm까지 자란다. 동그란 열매도 지름이 4mm 정도
여서, 꽃마리나 꽃바지의 꽃 지름보다 크다.

노추산에는 큰까치수염과 좁쌀풀, 참좁쌀풀이 자란다.
큰까치수염과 좁쌀풀은 넓게 퍼져 있지만, 참좁쌀풀은 모
정탑으로 가는 길 주변에만 심어놓은 것처럼 줄지어 자란
다. 참좁쌀풀과 형태적으로 비슷한 종류는 좁쌀풀이다. 잎

이 피침형이나 달걀모양이고, 잎 뒷면 아랫부분에 분비털이 있으며, 꽃이 줄기 끝에 원추꽃차례로 달려 참좁쌀풀과 구별된다.

참좁쌀풀의 속명 *Lysimachia*는 마케도니아의 왕 리시마키온Lysimachion의 이름에서 유래했다. 전설에 따르면 리시마키온이 어느 날 황소의 습격을 받았는데, 주위에 있던 참좁쌀풀을 뽑아 흔들었더니 소가 진정했다고 한다. lysis(풀다)와 mache(경쟁, 싸움)의 합성어라고도 한다. 종소명 *coreana*는 '한국에서 자란다'는 뜻으로 우리 이름처럼 '진짜 좁쌀풀', 즉 우리나라 특산종을 의미한다. 한방에서는 참좁쌀풀과 좁쌀풀 지상부를 황련화黃蓮花라 하며, 고혈압으로 잠을 이루지 못할 때 달여 마시면 효과가 있다고 알려졌다.

유사종 : 좁쌀풀

앵초과

지방명 고려까치수염, 고려 꽃꼬리풀, 조선까치수염, 참까치수염, 참좁쌀까치수염

분포 강원, 황해 이남

용도 약용

특기 사항 한국 특산 식물, 식물구계학적 특정 식물 Ⅳ 등급

참좁쌀풀 *Lysimachia coreana* Nakai

여러해살이풀로 땅속줄기가 발달한다. 높이 50~100cm, 줄기는 곧추서고 능각이 있다. 잎은 마주나거나 3장씩 돌려나고, 넓은 타원형이나 긴 타원형으로 길이 2.5~9cm에 너비 1.2~4cm다. 잎자루가 짧고 잎끝이 뾰족하며 밑은 둥글고, 가장자리는 밋밋한데 양면에 털이 약간 있다. 꽃은 7~9월에 황색으로 피고, 가지 끝이나 잎겨드랑이에 달린다. 꽃받침 5장, 꽃잎은 5장으로 갈라지며 각각의 조각은 긴 타원형인데 가장자리와 양면에 황색 분비털이 있다. 열매는 삭과로 둥글고 꽃받침에 싸였으며, 끝에 암술대가 달렸다.

18
덕항산과 솔나리

7월 15일

환선굴과 대금굴로 유명한 덕항산(1073m)은 삼척시와 태백시의 경계에 있다. 백두대간에 속하며, 희귀 식물이 많아 산림청이 지정한 '야생화 100대 명소'에 든다. 석회암 지대가 넓다 보니 독특한 지형과 토양 특성에 적응한 식물이 많이 분포한다.

덕항산의 주 등산로는 골말에서 출발해 전망대, 장암목, 사거리쉼터를 거쳐 정상에 오르는 2.1km 코스다. 등산로에 철 계단이 1000여 개나 있어 무척 힘들다. 가장 편안한

정상 표시판

길은 태백시 하사미동 예수원을 거쳐 구부시령, 새메기고
개를 지나 정상으로 갔다가 사거리쉼터에서 예수원 방향
으로 내려오는 약 4.5km 순환 코스다. 산길이 험하지 않
아 두 시간 정도면 충분하다.

계곡을 따라가다 경사진 길로 오르면 구부시령을 만나
고, 덕항산 정상까지 1.1km가 남았다는 이정표가 보인다.
구부시령九夫侍嶺은 태백시 하사미동 외나무골에서 삼척시
도계읍 한내리로 넘어가는 고개다. 옛날에 고개 동쪽 한내

조록싸리

리에 서방만 얻으면 죽고 또 죽어 무려 아홉 서방을 모셨다는 기구한 여인의 전설에서 유래한 지명이다.

정상으로 향하는 길은 전형적인 신갈나무 숲이다. 철쭉과 조록싸리, 산앵도나무, 산딸기, 미역줄나무, 길뚝사초, 물양지꽃, 개미취, 엉겅퀴가 자주 보이고, 솔나리와 외대잔대, 일월비비추, 사창분취같이 귀한 친구도 가끔 만날 수 있다. 정상 주변에는 신갈나무와 물푸레나무, 층층나무, 찰피나무 등 큰키나무가 많고, 호랑버들처럼 작은큰키

활량나물

나무도 눈에 띈다. 떨기나무로는 고로쇠나무와 미역줄나
무가 분포하며, 초본층에는 넓은외잎쑥이 우점하고 질경
이, 길뚝사초, 노랑제비꽃, 활량나물 등도 보인다.

솔나리는 잎이 솔잎을 닮아 붙은 이름이다. 꽃도 나리
종류처럼 붉은색이 아니라 홍자색이나 자색으로 핀다. 솔
나리는 백합속 *Lilium*에 포함되며, 우리나라에 같은 속 식물
11종이 자란다. 이 가운데 섬말나리와 털중나리 같은 한국

안개 속 신갈나무

고유종도 있고, 날개하늘나리나 솔나리는 희귀 식물로 지정됐다. 가장 흔하고 전국적으로 분포하는 종은 참나리가 아닌가 싶다. 낮은 산지 숲속에서 주로 자라며, 특히 계곡이나 도랑 등 습지에 많다. 하천 흐름에 따라 하류 지역으로 내려갔다가 바다로 흘러들어 섬 지역까지 자라게 된 것이다.

보통 식물도감에는 솔나리가 전국의 높은 지역 숲속에 분포한다고 나오지만, 증거 표본에 근거한 《한국 관속식물 분포도》에는 강원, 충북, 전북, 경남, 경북, 제주 등으로 나온다. 내가 솔나리를 많이 만난 건 주로 석회암 지대를 조사한 때다. 특히 영월과 단양 지역은 왜 이 식물이 희귀종인지 모를 정도로 그리 높지 않은 산 능선에 여러 개체가 분포했다. 요즘은 짧은 비늘줄기(인경鱗莖)나 어린 묘가 상품으로 판매돼서 희귀성이 조금 떨어진 것 같다.

활짝 핀 솔나리 꽃을 만난 곳은 태백시 대덕산과 덕항산이다. 두 지역에서 촬영한 솔나리 사진은 지금도 요긴하게 사용한다. 덕항산에서 솔나리의 아름다움을 만끽했다. 그날은 잔뜩 흐리고 가끔 비가 추적추적 내렸는데, 정상부로 갈수록 안개가 짙어 혼자라면 산행을 포기하고 내려왔을 법한 날씨였다. 도중에 만난 사람도 없어, 함께 간 대학원

생을 포함해 네 명이 의지하며 걸었다. 정오 전후로 안개가 조금 옅어지는가 싶더니, 길옆에 튼실하고 활짝 핀 솔나리 꽃이 우리를 반겼다. 주변 숲의 희미한 안개와 잎 가장자리에 매달린 빗방울, 홍자색 꽃이 어우러져 피곤함을 씻어줄 정도로 아름다웠다.

솔나리의 속명 *Lilium*은 옛 라틴어 이름으로 켈트어 li(흰색)와 그리스어 leirion(흰색)에서 기원했으며, 널리 재배하던 백합꽃 색깔에서 비롯된 것으로 추정한다. 종소명 *cernuum*은 '밑으로 숙이다'라는 뜻으로, 꽃이 피는 방향을 표현했다. 한방에서는 솔나리 비늘줄기를 수화백합垂花白合이라 하며, 오래된 기침과 가래에 피가 섞여 나는 것을 없애고, 자면서 자주 깨는 증상에 사용한다.

유사종 : 털중나리

백합과

지방명 검솔잎나리, 솔잎나리, 흰솔나리

분포 강원, 충북, 전북, 경북, 경남, 제주

용도 식용, 약용

특기 사항 적색 목록 취약종, 식물구계학적 특정 식물 Ⅳ등급

솔나리 *Lilium cernuum* Komar.

여러해살이풀로 비늘줄기는 달걀을 닮은 타원형이며, 길이 3~3.5cm에 너비 2~2.5cm다. 줄기는 가늘고 단단하며, 30~80cm까지 자란다. 잎은 줄기에 다닥다닥 붙어 어긋나고, 선형으로 길이 4~18cm에 너비 1~5mm로 맥이 1개 있다. 잎자루가 없고, 잎은 줄기 위쪽으로 갈수록 작아진다. 꽃은 6~7월에 밝은 홍자색이나 자색으로 피고, 줄기 끝에 1~4송이가 아래를 향해 달린다. 꽃잎은 6장으로 길이 2.5~4cm, 안쪽에 갈색 반점이 있고 뒤로 말린다. 열매는 삭과로 넓은 달걀모양이며, 안쪽에 갈색 씨가 들었다.

19

용화산과 참배암차즈기

7월 19일, 9월 20일

화천군과 춘천시 경계에 있는 용화산(878.4m)에 오르는 가장 쉬운 방법은 해발 600m 큰고개주차장에서 정상으로 향하는 코스다. 왕복 1.4km 정도니까 넉넉잡아 두 시간이면 다녀올 수 있다. 산행 들머리부터 가파른 길을 20분쯤 오르면 정상으로 가는 능선 길을 만난다. 정상에서 능선 길을 계속 따르면 안부, 고탄령, 사여령을 지나 배후령까지 7.3km나 더 갈 수 있다. 능선 길에 춘천 방향으로 내려오는 길이 네 개나 되고, 고탄령과 사여령 중간쯤 화천군

용화산 큰바위

물푸레나무

간동면으로 내려가는 수불무산이 있어 능선 길과 계곡 길을 한꺼번에 즐기기 좋다.

식물을 보기에는 용화산자연휴양림 근처 하얀집에서 계곡을 따라 오르다가 고탄령과 안부를 거쳐 원점으로 돌아오는 코스가 제격이다. 계곡을 따라 오르면 바위틈으로 돌단풍이 보이고, 가끔 가래나무와 개박달나무도 크게 자랐다. 계곡을 왔다 갔다 하며 두 시간쯤 걸으면 본격적인 산행이 시작된다.

둥굴레

고탄령을 지나 안부 방향으로 틀면 능선 양쪽으로 신갈나무와 굴참나무가 위엄을 뽐내며 숲을 이룬다. 듬성듬성 소나무도 보인다. 숲속으로 조록싸리와 산딸기, 물푸레나무, 생강나무, 철쭉, 노린재나무, 당단풍나무 등이 연달아 나타나고, 바닥을 책임지는 종류는 애기나리와 털새, 둥굴레, 대사초, 가는잎그늘사초, 기름나물, 구절초, 알록제비꽃, 노랑제비꽃, 참배암차즈기 등이 있다. 정상 쪽으로 가다가 아홉 번째 이정표인 안부 팻말이 보인다. 안부에서

구절초

양통마을이라고 표시된 남쪽으로 틀면 산행 시작점으로
가는 길이 나온다.

식물을 보러 산에 갔다가 만나는 동물도 많다. 지금까지
가장 기억에 남는 동물은 민통선 조사 때 강원도 양구군에
서 만난 산양과 춘천시 대룡산에서 본 고슴도치다. 산양(천
연기념물)은 멸종 위기 야생 생물 Ⅰ급으로 설악산과 민통선
일대, 강원도 양구군·화천군·삼척시, 경북 울진군·봉화

군에 제한적으로 분포하고, 고슴도치는 야생에서 처음 만났기 때문이다.

반대로 만나지 않았으면 하는 동물도 있다. 뱀은 꿈틀거리며 지나가는 모습이 혐오스럽고, 살모사처럼 독이 있는 종에게 물리면 생명을 잃을 수도 있어 경계 대상 1호다. 그러다 보니 뱀처럼 생긴 식물을 보고도 깜짝깜짝 놀란다. 가장 비슷한 종류는 참배암차즈기다. 노란 꽃이 활짝 피면 뱀이 입을 벌린 듯 보이기 때문이다. 한두 개체씩 자라는 것은 대수롭지 않지만, 군락으로 자라는 모습을 보면 소름이 돋을 정도다.

우리가 흔히 들어본 민트, 바질, 라벤더, 샐비어도 꿀풀과Labiatae에 속하는데 유독 참배암차즈기가 거슬리는 데는 이름이 한몫했다. 참은 진짜라는 뜻이고, 배암은 뱀을 부르는 다른 말이며, 차즈기는 들깨속에 드는 소엽Perilla frutescens var. acuta (Odash.) Kudo의 같은 이름이니 종합하면 '진짜 뱀을 닮은 차즈기'다. 싫어할 조건을 모두 갖춘 셈이다.

참배암차즈기는 주로 숲 언저리 햇빛이 잘 드는 곳에서 자란다. 한번은 용화산에서 숲 해설 교육을 마치고 피곤한 몸을 이끌고 집으로 향하는데, 차창 밖으로 노란 꽃이 핀 군락을 지나친 느낌을 받았다. 좀 더 가다가 미련이 남

아 되짚어가니 참배암차즈기 꽃이 활짝 핀 군락이었다. 이
렇게 큰 군락은 처음이라 열심히 사진을 찍다 보니 피로가
가시고 활력이 생겼다.

참배암차즈기와 비슷한 종류는 야생에서 자라는 배암
차즈기와 둥근배암차즈기, 약재로 사용하는 단삼, 관상
용으로 재배하는 샐비어와 깨꽃이 있다. 참배암차즈기
의 속명 *Salvia*는 sage의 옛 라틴어 이름이며, 약으로 많
이 사용해 salvare(치료하다)에서 유래했다고 한다. 종소명
*chanryoenica*는 '고개 정상'을 뜻하는데, 긴 꽃줄기 끝부
분에 모여 달리는 꽃을 표현한 것 같다. 전체를 토양을 위
한 지피식물이나 관상용으로 활용한다.

유사종 : 배암차즈기

꿀풀과

지방명 토단삼, 참뱀차즈기
분포 강원, 경기, 경북
용도 관상용
특기 사항 한국 특산 식물, 식물구계학적 특정 식물 IV 등급

참배암차즈기 *Salvia chanryoenica* Nakai

여러해살이풀로 줄기가 곧추서 자라고 네모지며, 높이 40~50cm로 전체에 갈색 털이 빽빽하다. 잎은 마주나고 타원형이나 달걀모양으로, 길이 2.5~13cm에 너비 3~11cm 다. 잎끝이 둔하고 밑은 심장 모양이며, 가장자리에 둔한 톱니가 있고, 잎자루는 길이 8~10cm다. 7~8월에 황색 꽃이 줄기 위쪽에 모여 달리며, 꽃자루는 길이 5~6mm다. 꽃받침에 털이 있고, 꽃은 끝부분이 2개로 갈라지며, 길이 1.5~4cm로 털이 다소 있다. 열매는 분과(分果)로, 씨는 편평하고 넓으며 거꾸로 된 달걀모양이다.

20

덕세산과 부싯깃고사리

4월 21일, 8월 21일

산을 싫어하는 사람도, 좋아하는 사람도 만족할 만한 산
이 있다. 강원도 인제군 서화면에 자리한 덕세산(747m)이
다. 이곳은 사람들이 거의 찾지 않지만, 능선을 타고 정상
에 이르는 등산로와 인북천을 따라 조성한 생태탐방로가
있다. 등산로는 경사가 있어 약간 힘들고, 생태탐방로는
휠체어 이용자가 다닐 정도로 정비됐다.

이 지역은 덕세산보다 대암산 용늪마을로 잘 알려졌다.
덕세산 등산로 입구가 용늪마을 우동교 부근을 지나기 때

생태탐방로

애기석위

문이다. 희미하게 보이는 길로 산행을 시작하면 인적이 드
문 곳임을 알려주듯 작은 나무 사이로 거미줄이 쳐졌다.
소나무 숲이 있고, 신갈나무와 굴참나무 같은 낙엽활엽수
림도 많다. 더 올라가면 시야가 트여 하천이 내려다보인
다. 굽이굽이 휘도는 강물이 멋지다. 길 가장자리 자그만
바위에도 반겨주는 식물이 있다. 어린아이 숟가락처럼 생
긴 양치식물 애기석위다.

　　이렇게 세 시간쯤 오르면 정상이다. 서화 쪽으로 내려가

미역취

는 길옆 굴참나무에 누군가 허접하게 붙인 표시가 정상임을 알려줄 뿐이다. 주변에 신갈나무와 소나무, 생강나무, 참싸리가 간혹 보이고 굴참나무가 우점한다. 초본은 고사리와 새가 많이 자라고, 마타리와 미역취, 개망초, 칡 등도 듬성듬성 보인다. 두 시간쯤 걸리는 하산 길은 가파르고 길을 잃기 쉽다.

생태탐방로를 따라가면 등산로 입구로 돌아가기 편하고, 정상부 능선 길보다 볼거리가 훨씬 많다. 간간이 만나

기는괭이눈

는 작은 계곡에 들어가면 범의귀과에 속하고 얼마 전 새로
이름 붙인 기는괭이눈 군락이 있다. 참나물, 오미자, 영아
자, 노루삼, 천남성, 백작약, 초롱꽃 등 꽃이 예쁜 종류가
많고, 바위틈에서 자라는 부싯깃고사리도 눈에 띈다.

 식물 조사를 통해 채집한 종류는 표본관에 들어가기 전
에 일련의 과정을 거친다. 알코올이나 포르말린 같은 용액
에 넣어 액침표본을 만들기도 하지만, 건조표본이 대부분

이다. 요즘은 건조표본이 표본관에 차고 넘쳐 앞으로 사진 자료를 표본 대용으로 활용하자는 의견도 나온다니, 다른 세상에 와 있는 것 같다.

수집한 식물을 정리할 때는 먼저 신문지에 넣는다. 가장 자리에는 채집한 날짜와 장소, 특이 사항 등을 적고 그 속에 식물을 잘 접어 넣은 뒤, 열이 통과하는 골판지를 끼워 건조기에서 말린다. 건조한 식물은 동정을 거쳐 정확한 이름을 찾고, 이런 정보를 토대로 하얀 도화지에 고정한다. 채집 정보가 든 라벨을 붙이고, 표본실 일련번호 도장을 찍는다. 마지막으로 컴퓨터에 입력하고 표본장에 넣으면 비로소 가치를 인정받는다.

그다지 어렵지 않은 과정 같지만, 식물 동정이 어려운 종류가 늘 말썽을 일으킨다. 벼과Gramineae, 사초과Cyperaceae, 고사리 종류는 동정이 어려운 분류군이다. 여기에 포함되는 표본은 아예 따로 빼놓고 동정을 한다. 특히 벼과와 사초과는 해부현미경으로 관찰해야 정확한 특징을 비교할 수 있다.

이에 비하면 고사리 종류는 좀 낫다. 포자 덩어리와 잎의 모양, 줄기의 형태 등 몇 가지 특징만 알면 비교적 접근이 쉽기 때문이다. 예를 들면 잎이 열십자(十)로 달리는 십

자고사리, 포자가 잎 뒷면의 1/3 지점까지 달리고 잎 길이가 1m 내외로 자라는 관중, 잎 뒷면이 흰색이나 황백색 가루로 덮인 부싯깃고사리 등이다. 부싯깃고사리는 특이하게 잎 가장자리가 뒤로 말린 안쪽에 포자가 있다. 분포지가 비교적 넓고, 햇빛이 잘 드는 바위 겉이나 돌담 틈에서 볼 수 있어 관상용으로도 좋다.

부싯깃은 '부싯돌에 불이 붙게 하는 물건'인데, 잎에 털이 많은 수리취나 쑥을 주로 이용한다. 부싯깃고사리도 같은 용도로 사용이 가능해서 이런 이름이 붙었다. 부싯깃고사리와 비슷한 종류는 잎 뒷면이 녹색인 청부싯깃고사리가 있다. 부싯깃고사리의 속명 *Cheilanthes*는 그리스어 cheilos(가장자리)와 anthos(꽃)의 합성어로, '포자낭이 잎 가장자리에 달린다'는 뜻이다. 종소명 *argentea*는 '은백색'이란 의미로, 잎 뒷면의 색깔을 표현한 것이다.

고사리과

지방명
분포 전도
용도 관상용
특기 사항 식물구계학적 특
정 식물 I등급

부싯깃고사리 *Cheilanthes argentea* (Gmel.) Kunze

여러해살이풀로 뿌리줄기가 짧고, 잎자루 밑부분과 더불어 피침형 흑갈색 비늘조각으로 덮였으며, 그 끝에 10~20cm 잎이 여러 장 모여 자란다. 잎자루는 길이 7~10cm, 잎몸은 3.3~4cm로 자갈색이며 광택이 나고 연약하다. 잎몸이 5각상 3각형이며, 첫 번째 조각은 깊게 갈라지고 나머지는 잎몸이 흘러내려 좁은 날개처럼 된다. 잎 앞면은 녹색이지만 뒷면은 흰색이나 황백색 가루로 덮여 뚜렷이 구별되고, 잎이 달리는 축은 갈색이다. 포자낭은 잎 가장자리가 뒤로 말려 포막처럼 보이는 곳에 들었다.

21

발교산과 도깨비부채

6월 7일, 8월 10일

발교산(998m)은 강원도 횡성군 청일면의 북서쪽과 홍천
군 영귀미면의 동쪽에서 남북으로 길게 자리한다. 등산로
가 있는 청일면 쪽 마을은 봉명리인데, 주변에 산이 아홉
겹으로 에워싸서 '구접이'라고도 하는 오지 중의 오지다.
요즘은 이곳을 골짜기라는 뜻으로 '고라데이' 마을이라 부
르며 다양한 산촌 체험 활동을 진행한다.

발교산 등산로는 원점 회귀 코스가 없어서 도착점이 모
두 다르다. 봉명폭포부터 병지방리까지 가는 코스, 명리치

봉명폭포

바위떡풀

고개를 거쳐 봉명리로 내려오는 코스, 쌍고지고개를 거쳐
봉명리로 내려오는 코스가 있다. 쌍고지고개 쪽이 길이가
가장 짧다.

봉명폭포에서 산행을 시작하려면 절골로 가야 한다. 봉
명폭포는 횡성군에서 가장 큰 폭포이자 섬강의 발원지다.
수량이 많을 때는 물 떨어지는 소리가 봉황의 울음소리 같
다고 붙인 이름이다. 폭포 주변 바위는 이끼가 뒤덮였고,
주변 숲은 쪽동백나무와 당단풍나무가 많으며, 생강나무

와 조록싸리도 눈에 띈다. 폭포 맨 아래쪽에는 도깨비부채
가 울타리 치듯 자라고, 바위틈에는 바위떡풀과 낚시고사
리, 물통이 군락이 있다.

　폭포에서 올라가는 길 주변은 식생이 풍부하고 사람들
이 자주 출입하지 않는 곳이라 자칫 잘못하다가 길을 잃을
수도 있으니 주의해야 한다. 수리봉으로 가는 갈림길도 마
찬가지인데, 그나마 이정표가 있어 다행이다. 갈림길까지
가는 등산로 주변에는 참배암차즈기와 금마타리 같은 우

모시대

리나라 특산 식물과 민백미꽃, 모시대가 지나는 이들의 눈을 즐겁게 한다.

특정한 식물을 찾아 일부러 나설 때가 있다. 그 주인공이 산꼭대기에 있다면 종일 걸어야 한다. 식물에 대해 전혀 알지 못하는 사람에게 그 식물을 찾아오라면 모두 실패할 것이다. 경험상 입지 조건에 따른 식물의 분포를 알 정도라면 그래도 쉽다.

도깨비부채를 예로 들어보자. 이 식물을 찾으려면 경기도나 강원도 이북의 산이 깊고 비교적 넓은 하천이나 습지 주변으로 가야 한다. 어떤 곳은 집 앞마당만 한 넓이가 도깨비부채로 가득해 놀라지 않을 수 없다. 대부분 아담한 우리나라 초본의 특성상, 긴 잎자루에 다섯 장으로 구성된 복엽이 달리고 총 너비가 50cm가 넘는 잎이라면 상상만 해도 시원한 느낌이 든다.

발교산에서 본 모습도 장관이었다. 봉명폭포가 쏟아져 내리는 물줄기 옆 바위 아래, 물안개와 대비되는 도깨비부채의 녹색 잎이 잘 어울렸기 때문이다. 도깨비부채라는 우리 이름은 잎끝이 갈라지고 톱니가 있어 험상궂게 생긴 모양을 도깨비로 표현한 듯하다. 부채는 잎의 크기와 전체 모양에서 비롯한 것이다. 실제로 한여름에 소나기가 쏟아지면 도깨비부채 잎 몇 장을 포개서 우산 대용으로 사용하기도 했다.

도깨비부채를 설명하려면 유일하게 같은 속屬에 드는 개병풍을 이야기하지 않을 수 없다. 개병풍은 경기 이북과 강원·경북 석회암 지대에 분포하며, 환경부가 멸종 위기 야생 생물 Ⅱ급으로 지정한 북방계 식물이다. 중국의 지린성吉林省과 랴오닝遼寧 지역에서 자라는 희귀 식물로, 도깨비부채와 달리 줄기에 가시 같은 털이 있고, 긴 잎자루 끝에 연꽃잎같이 둥근 잎이 한 장씩 달리며, 흰 꽃이 핀다. 개체에 따라 잎 너비가 1m나 되는 것도 있고, 키가 2m까지 자라기도 한다.

도깨비부채의 속명 *Rodgersia*는 미국의 해군 함대사령관 존 로저스John Rodgers가 일본 홋카이도北海道 남부 하코다테函館에서 식물을 채집한 데서 기인했다. 종소명 *podophylla*는 '잎자루가 있는 잎이 달린다'는 뜻이다. 한방에서는 도깨비부채 잎을 반룡칠盤龍七이라 하며, 열을 내리는 데 사용한다.

유사종 : 개병풍

범의귀과

도깨비부채 *Rodgersia podophylla* A. Gray

지방명 독개비부채, 수레부채

분포 강원, 경기, 경북, 평북, 함남, 함북

용도 약용

특기 사항 식물구계학적 특정 식물 Ⅳ등급

여러해살이풀로 뿌리줄기가 비대하고, 높이 80~130cm다. 잎은 장상복엽으로 긴 잎자루 끝에 5장이 달린다. 잎 전체 지름이 50cm로 크고, 각각 거꾸로 된 달걀모양이며 길이 15~35cm에 너비 10~25cm다. 보통 잎끝이 3~5개로 얕게 갈라지며, 각각 불규칙한 톱니가 있고, 잎자루와 잎맥에 털이 있다. 6~7월에 황백색 꽃이 줄기 끝에서 나오는 20~40cm 취산형 원추꽃차례에 달린다. 꽃잎이 없고, 꽃받침조각은 4~8장에 길이 2~4mm다. 열매는 삭과로 달걀모양이다.

22

평창 두타산과 공작고사리

8월 19일

평창군에 있는 두타산(1394m)은 동해시 두타산과 혼동을 피하려고 일제강점기에 이름을 박지산으로 바꿨다가, 2004년 산림청의 '우리 산 이름 바로 찾기 운동'으로 원래 이름을 되찾았다. 식물을 보려면 신기리 방향에서 출발해 박지골을 거쳐 정상에 오르고 국립두타산자연휴양림으로 내려가는 코스가 좋다. 북사면인 박지골에서 풍혈지風穴地라는 지형과 그곳에 자라는 특이한 식물을 볼 수 있기 때문이다.

풍혈지 전경

주저리고사리

숲속으로 들어가자마자 길은 험해지고, 언제 쓰러졌는지 모를 나무가 계곡 주변에 널렸으며, 바위는 이끼로 뒤덮였다. 그래도 커다란 까치박달, 느릅나무, 물푸레나무, 화살나무, 짝자래나무가 반기고, 산여뀌와 관중, 파리풀, 멸가치, 당개지치, 투구꽃, 참나물, 벌깨덩굴, 가는잎쐐기풀 같은 초본이 눈을 즐겁게 한다. 그 자리에 앉아 하루를 보내도 편안하고 재미날 만큼 생물 다양성이 풍부하다. 공작고사리 군락처럼 가끔 튀어나오는 희귀 식물도 있다.

흰인가목

경사진 길을 걷다 보면 커다란 돌무덤을 만난다. 이른바 풍혈지라는 곳이다. 풍혈지 주변에는 북방계 희귀 식물이 여러 종 분포하는데, 풍혈지가 빙하기에 남하한 북방계 식물의 피난처 역할을 했기 때문이다. 주저리고사리 군락이 가장 먼저 얼굴을 보인다. 설악산에서 몇 개체 봤을 뿐, 처음 만나는 광경이다. 땃두릅나무, 부게꽃나무, 인가목조팝나무, 전나무, 마가목, 토끼고사리, 흰인가목, 좀미역고사리도 인사한다.

좀미역고사리

정상에서는 아차목이 방향 대신 절터봉(1250m) 능선 길을 따라 절터고개를 거쳐 전석지 돌무덤 앞에 있는 길로 내려가 휴양림에 도착하는 약 4.7km 코스를 선택하면 좋다. 사람들이 많이 다니지 않는 곳이기 때문이다. 산행 후 에너지가 조금 남았다면 휴양림에서 300m쯤 떨어진 털보바위에 가보자. 바위 곁에 우단일엽, 거미고사리, 애기석위가 조화롭고 멋진 풍광을 연출한다.

털보바위의 우단일엽 군락

    간혹 동물 이름이 들어간 식물이 있다. 두루미천남성, 노루귀, 까치발, 노루발풀 등 각양각색이다. 이런 식물 이름은 대체로 잎 모양이나 잎에 난 무늬가 해당 동물과 닮은 데서 유래한다. 우리나라에 자라는 고사리 280여 종의 이름도 살펴보면 뱀톱, 다람쥐꼬리, 공작고사리, 꿩고사리, 족제비고사리, 지네고사리, 토끼고사리, 뱀고사리, 개고사리, 참새발고사리, 거미고사리 등 다양하다.

    잎이 가장 아름다운 것은 공작고사리다. 울릉도와 제주

도, 우리나라 석회암 지대에서 주로 자라는 희귀 식물이다. 공작고사리는 다 자란 개체의 잎도 아름답지만, 막 올라오는 모습이 더 예쁘다. 어린잎이 다 자라면 공작 수컷이 화려한 꽁지를 펼친 모습이나, 잎 8~12장이 부채를 편 모습으로 보인다. 두타산 계곡 주변 숲속 가장자리에 몇 개체가 자란다.

공작고사리와 비슷한 종류는 잎이 갈라지는 횟수와 잎 조각의 모양에 따라 구별되는 섬공작고사리와 암공작고사리, 화초처럼 널리 재배하는 봉작고사리가 있다. 이 종류는 고전적인 형태 분류 체계에 따르면 고사리과Pteridaceae에 들지만, 2016년 하랄트 슈나이더Harald Schneider가 발표한 고사리 종류(양치식물) 분류 체계에 따르면 공작고사리과Adiantaceae다.

공작고사리의 속명 *Adiantum*은 부정적인 의미로 쓰이는 그리스어 a와 diantos(젖다)의 합성어로, '잎이 비에 젖지 않는다'는 뜻이다. 종소명 *pedatum*은 잎 전체 모양을 표현한 것으로, '새의 발처럼 생겼다'는 의미다. 한방에서는 공작고사리 지상부를 철사칠鐵絲七이라 하며, 종기를 치료하는 데 사용한다.

유사종 : 섬공작고사리

고사리과

지방명

분포 강원, 경기, 경북(울릉도), 제주

용도 관상용, 약용

특기 사항 적색 목록 취약종, 식물구계학적 특정 식물 II등급

공작고사리 *Adiantum pedatum* L.

여러해살이풀로 뿌리줄기는 거의 곧추서고, 피침형 갈색 비늘조각으로 덮였다. 잎은 뿌리에서 여러 장이 뭉쳐나며, 높이 40~70cm다. 잎자루는 길이 20~40cm로 흑갈색이고 광택이 난다. 잎몸은 2개씩 한쪽으로 갈라져 잎 8~12장이 공작 수컷이 꽁지를 펼치거나 부채를 편 모습이다. 잎은 길이 20~30cm, 너비 30~45cm다. 갈라진 잎 조각은 반달 모양 긴 타원형으로 짧은 자루가 있다. 포자낭 무리는 작은 잎 조각의 위쪽 가장자리에 나고, 잎 가장자리가 젖혀지면서 포막처럼 된다.

23
고성 화암사 숲길과 산오이풀

8월 20일, 9월 16일

금강산 남쪽 끝자락에 속하는 고성 화암사 숲길은 주변에 수바위와 성인대가 있고, 가을이면 단풍이 아름다워 많은 사람이 찾는다. 총 4.1km로 두 시간 정도 걸리며, 산사로 가는 길(900m)과 등산하는 길(1.2km), 산림 치유 길(2km)로 구성된다. 그 옆에는 화암사 대웅전까지 1km, 오른쪽 길로 가면 계곡을 따라 난 산책로 1.14km를 알리는 이정표가 있다.

계곡을 따라 올라가면 기념품 판매하는 곳을 만난다. 이

등산로 입구 바위에 새겨진 글씨

구실사리

건물 맞은편에서 등산로가 시작된다. 얼마 가지 않아 구실
사리가 덮인 회색 바위를 지나면 거대한 왕관 모양 수바위
를 만난다. 벼 이삭 수穗 자가 들어간 이름이어서 '쌀바위'
라고도 부른다.

　여기부터 성인대까지 약 1.1km 거리다. 헬기장을 지나
면 등산로는 점점 가팔라진다. 주변 숲은 신갈나무와 소나
무 혼합림이 우점하고 진달래와 철쭉, 산앵도나무, 조록싸
리, 기름나물과 맑은대쑥, 새며느리밥풀, 노랑제비꽃, 삽

체꽃

주 등이 연이어 분포한다. 소나무 숲에 체꽃과 산오이풀이
처음으로 나타난다.

　네귀쓴풀 하늘색 꽃이 반갑게 맞아주는 시루떡바위를
지나 경사진 길을 따라 10여 분 더 올라가면 신선들이 내
려와 놀았다는 신선대에 이른다. 신선대 서쪽 웅장한 바위
가 성인대다. 남쪽으로 울산바위가 가깝게 보인다. 신선대
로 돌아와 산림 치유 길로 향한다.

　이제 능선을 따라가다가 하산 길에 접어든다. 올라온 길

네귀쓴풀

과 사뭇 다르다. 걷기 편한 흙길이고 경사도 완만해 오솔
길을 걷는 기분이다. 소나무와 신갈나무가 번갈아 나타나
는 숲 아래 조록싸리, 철쭉, 당단풍나무, 실새풀, 대사초
등이 자주 보인다. 600m쯤 편하게 가다 보면 길은 90°로
꺾여 화암사 쪽으로 내려간다.

　오이풀은 잎에서 오이 냄새가 난다고 붙은 이름이다. 잎
이 달린 줄기를 잘라 손바닥에 두드리면 상큼하고 신선한

향기가 난다. 식물에서 누린내가 난다는 누린내풀, 누리장나무에 비하면 훨씬 고상한 이름이다. 그렇다고 이 종류의 꽃이 작거나 볼품없는 건 아니다. 꽃 하나하나만 보면 오이풀 종류보다 훨씬 예쁘다. 식물체에서 풍기는 나쁜 냄새 때문에 곤욕을 치를 뿐이다.

오이풀 종류에 관해 설명할 때는 전체(특히 뿌리)가 지혈 작용을 해, 야외에서 문제가 생겼을 때 응급처치에 쓰인다는 이야기를 빼놓지 않는다. 잎이 타원형이고 가장자리에 톱니가 뚜렷하며, 열매도 오디와 닮아 구별하기 쉽다.

우리나라에 있는 오이풀 종류 6분류군은 모두 이름에 '오이풀'이 들어간다. 큰오이풀과 두메오이풀은 북한에서 자라 만날 수 없지만, 나머지는 분포 장소나 수술 개수, 수술대, 꽃받침, 잎의 모양 등에 따라 구별된다. 남한에 분포하는 종류 가운데 산오이풀은 수술이 6~11개여서 4개인 가는오이풀, 오이풀, 긴오이풀과 뚜렷이 구별된다. 분포 장소도 산오이풀은 산 정상 부근에서 자라는데, 나머지 종류는 해발고도가 낮은 지역에 주로 산다.

산오이풀을 처음 만난 곳은 오대산국립공원 노인봉(1338m) 정상부다. 바위로 된 정상 주변으로 분비나무가 있고, 바위틈에 산오이풀이 듬성듬성했다. 가장 많은 개체는 신선대에서 만났다. 해발 460m 지역부터 나타나기 시작하더니, 정상부가 가까워질수록 점점 더 많은 개체가 보였다. 꽃 색깔도 위로 갈수록 진해져 자줏빛이 화려했다.

산오이풀의 속명 *Sanguisorba*는 라틴어 sanguis(피)와 sorbere(흡수하다)의 합성어로, 뿌리에 타닌 성분이 많아 지혈 효과가 있다는 민간 활용법 때문에 붙은 이름이다. 종소명 *hakusanensis*는 일본 '이시카와현石川縣 하쿠산白山에서 자란다'는 뜻이다. 한방에서는 오이풀, 산오이풀, 긴오이풀, 큰오이풀을 지유地楡라 하며, 해열과 지혈, 종기, 화상, 습진, 가려움증에 사용한다.

유사종 : 가는오이풀

장미과

지방명

분포 강원, 경남, 전남, 충북, 함남, 함북

용도 약용

특기 사항 한국 특산 식물, 식물구계학적 특정 식물 Ⅲ 등급

산오이풀 *Sanguisorba hakusanensis* Makino

여러해살이풀로 뿌리줄기가 굵고 옆으로 뻗어 자란다. 높이 40~80cm, 털이 거의 없다. 잎은 어긋나고 9~13장으로 구성된 복엽이다. 뿌리에서 나오는 잎은 잎자루가 길다. 소엽은 타원형으로 길이 3~6cm에 너비 1.5~3.5cm, 잎끝이 뭉툭하고 밑은 둥글거나 심장 모양이며, 가장자리에 예리한 톱니가 있다. 잎 뒷면이 분백색이고, 줄기에 달리는 잎은 작고 뒷면 아래쪽에 털이 있다. 꽃은 8~9월에 홍자색으로 피고, 가지 끝에 4~10cm 원기둥꼴 수상꽃차례로 달린다. 꽃잎이 없고, 4개로 갈라지는 꽃받침은 달걀모양이다.

24
동대산과 만삼

9월 16일

　오대산은 호령봉(1531m), 비로봉(1563m), 상왕봉(1491m),

두로봉(1421m), 동대산(1433m), 노인봉(1338m) 등 여러 봉

우리와 연결된 능선부 때문에 실제 면적이 아주 넓다. 등

산로도 상원사-비로봉-상왕봉-두로봉-동대산-노인

봉-소금강까지 대략 30km가 넘는 코스, 4대 봉 종주 코

스 등 다양하다. 그렇다면 오대산에서 아름다운 경치도 보

고 식물도 관찰하며 한적한 곳은 어느 코스일까? 동피골

연화교에서 출발해 동대산을 거쳐 노인봉까지 가는 코스

전나무 숲

외대잔대

를 추천하고 싶다.

산행을 시작하면 계곡을 따라 올라간다. 동대산 정상까지 2.7km 정도인데, 북사면이라 약간 그늘졌다. 물이 흐르는 곳은 나무 계단이 있어 걷기 편하고, 우점하는 신갈나무 숲 아래 당단풍나무, 미나리냉이, 십자고사리가 보인다. 고도가 높아질수록 노루삼, 풀솜대, 눈빛승마 등이 고개를 내민다.

동대산 정상 근처는 학위논문 실험 재료인 만삼을 구

투구꽃

하기 위해 여러 번 방문했다. 노인봉으로 가려면 진고개 (960m) 방향으로 내려가야 한다. 가는 길에 고광나무와 음나무, 털진달래, 산돌배가 반기고, 오대산에서 처음 발견된 외대잔대와 투구꽃, 동자꽃, 하늘말나리, 금강제비꽃, 금마타리, 모시대 등이 심심치 않게 보인다.

진고개 고위평탄면을 지나 숲속 등산로에 들어가면 나무 계단이 이어진다. 신갈나무 숲속에 피나무, 까치박달, 팥배나무, 당단풍나무가 눈에 띈다. 초본은 꽃며느리밥풀

실새풀

과 모시대, 단풍취 등이 많은데, 실새풀이 돋보인다. 계단
이 끝나고 흙길을 따라 능선에 도착하면 편한 길이다. 가
을에는 보라색 투구꽃이 아름답고, 외대잔대와 송이풀도
자주 만난다. 30분 남짓 가다 보면 전나무 같은 바늘잎나
무가 나타나고, 신갈나무 키는 낮아져 정상부가 가까움을
알려주는데 산구절초가 환히 반긴다. 노인봉 정상 돌 틈에
산오이풀이, 정상 표지 뒤쪽으로 분비나무가 있다.

석·박사 학위논문을 시작으로 초롱꽃과Campanulaceae 식물을 연구한 지 35년이 지나간다. 1987년 석사과정에 입학했을 때 지도 교수님이 평소 꼭 다뤄보고 싶은 종류였다면서 더덕속Codonopsis 식물을 연구 주제로 권유하셨다.

우리나라에서 자라는 더덕속 식물은 더덕, 만삼, 소경불알, 애기더덕이 있다. 더덕과 만삼은 뿌리가 길어, 탁구공처럼 생기고 표면이 울퉁불퉁한 나머지 두 종류와 구별된다. 더덕은 줄기나 잎에 털이 없지만, 만삼은 털이 많다. 애기더덕은 모든 형질이 소경불알의 절반으로 작다. 문제는 실험 재료 수집이었다. 더덕을 제외한 나머지 종류는 흔히 볼 수 없기 때문이다.

애기더덕은 제주도에만 분포해 처음 비행기를 타는 행운도 누렸다. 장마와 태풍 때문에 한 해 동안 몇 번을 오간 뒤에야 어렵사리 찾았다. 지금도 그때를 생각하면 뿌듯하다. 더덕은 자생지를 알아 그나마 쉽게 구했는데, 소경불알은 자생지가 적고 개체 수도 많지 않아 약초 캐는 분을 모셔서 분포를 확인하고 채집했다.

가장 큰 고생을 시킨 것은 만삼이다. 지금은 재배하는 농가가 많지만, 1980년대 중반만 해도 자생지 정보를 얻기가 어려워 고생했다. 그러다가 오대산국립공원 안에 있는 동대산에서 만삼을 처음 만났다. 오대산 식생을 연구하는 젊은 학자를 도와주러 갔다가 우연히 발견한 것이다.

이후로도 야생에서 만삼을 만난 적은 손꼽을 정도다. 충청도와 지리산 일대에도 자라는 곳이 있다는데 확인하지 못했고, 주로 화악산과 대암산, 향로봉 등 강원도나 경기도 북부 심산과 고산지대에서 어쩌다 눈에 띄기 때문이다. 지금도 오대산국립공원을 방문하면 만삼 자생지에 꼭 들른다. 다행히 처음 만난 자리에 그대로 자란다. 등산로 주변이 아니라 숲속이어서 사람 손을 타지 않았는지, 보호 차원에서 두는지 모르지만 갈 때마다 만날 수 있어 다행이다.

만삼의 속명 *Codonopsis*는 그리스어 Codon(종)과 opsis(비슷하다)의 합성어로, '꽃이 종 모양'이라는 뜻이다. 종소명 *pilosula*는 '부드러운 털이 있다'는 의미다. 한방에서 만삼 뿌리를 만삼蔓蔘이라 하며, 우리 이름도 여기서 유래했다. 뿌리는 인삼 대신 사용하기도 하며, 위와 폐의 기능을 강화하고 기운을 북돋우는 데 주로 쓴다.

유사종 : 더덕

초롱꽃과

만삼 *Codonopsis pilosula* (Fr.) Nannfeldt

지방명

분포 강원, 경기, 충북, 충남, 경남, 전남, 함남, 함북, 평북

용도 약용, 식용

특기 사항 적색 목록 취약종, 식물구계학적 특정 식물 III등급

여러해살이풀로 뿌리는 가는 곤봉 모양이며, 길이 30cm 정도다. 줄기는 덩굴성이고 전체에 털이 있다. 잎은 털이 많고 어긋나거나 짧은 가지에서는 마주나며, 달걀모양이나 달걀을 닮은 타원형이다. 길이 1~5cm에 너비 1~3.5cm로, 잎끝이 둔하고 밑은 둥글며 가장자리는 밋밋하다. 잎자루 1~2.4cm, 잎 뒷면은 분백색이다. 7~8월에 연녹색 꽃이 가지 끝과 줄기 아래쪽 잎겨드랑이에 1송이씩 아래를 향해 달린다. 꽃은 종 모양으로, 끝이 5개로 갈라진다. 열매는 삭과로 윗부분이 열개하며, 씨는 진갈색이다.

25

백운산과 자주쓴풀

10월 9일

　해마다 3월 말이면 동강 주변은 분주해진다. 동강할미꽃 축제가 열리기 때문이다. 할미꽃은 주로 묏등이나 햇빛이 잘 비치는 양지쪽에 있지만, 동강할미꽃은 바위틈에서 자라고 꽃도 하늘을 향해 피어 훨씬 더 아름답다. 동강고랭이, 돌단풍, 제비꽃 종류가 동강 주변 바위틈에서 함께 자라, 시기만 잘 맞추면 동강 물줄기와 더불어 꽃과 경관을 감상할 수 있다. 수직에 가까운 절벽에 자리 잡은 나무나 풀이 아름다움을 넘어 애처롭다.

칠족령전망대에서 내려다본 동강

동강할미꽃 　　　　　동강고랭이

　백운산(883.5m) 정상부터 칠족령에 이르는 약 2.5km 능선 길에서 이 모든 것을 볼 수 있다. 백운산 산행은 대개 문희마을에서 출발해 정상, 칠족령, 성터를 거쳐 문희마을로 내려오는 약 6.1km 코스를 택한다. 오전에는 서쪽 사면으로 오르고, 해가 서쪽으로 넘어가는 오후에는 정상에서 능선을 따라 원점으로 돌아오는 길이다. 마을에서 800m를 왔다는 이정표가 보이면 길은 세 갈래가 된다. 경사가 완만한 길로는 정상까지 3.2km, 경사가 급한 길로는

1.1km가 걸린다.

　정상에서 다시 삼거리 이정표를 지나 능선 길을 따라 내려가다 보면 동강이 한눈에 들어온다. 이 길에는 석회암 지대를 좋아하는 식물이 많다. 나무 종류는 털댕강나무와 시베리아살구나무, 향나무, 노간주나무, 회양목, 산팽나무, 당조팝나무, 참골담초, 더위지기 등이 있고, 초본은 동강할미꽃과 자주쓴풀, 솔체꽃, 뻐꾹채, 돌마타리, 방울비짜루, 민둥갈퀴 같은 종류가 많다. 자주쓴풀과 민둥갈퀴는

민둥갈퀴

마치 화단에 일부러 심은 것처럼 백운산 전체에 있다. 동
강할미꽃이나 동강고랭이가 백운산을 대표하는 4월의 상
징이라면, 자주쓴풀은 10월의 상징이다.

자주쓴풀은 거의 전도에 분포하는 것으로 알려졌지만,
쉽게 눈에 띄지 않는다. 키가 작아서인지, 꽃 피는 시기를
맞추지 못해서인지 내 경험으로는 그렇다. 대학원 시절 자
주쓴풀 때문에 연구실 선배에게 칭찬을 받은 적이 있다.

선배는 용담과Gentianaceae 식물을 전공했는데, 분포가 제한
적이고 개체 수도 많지 않은 종류를 실험 재료로 찾아다니
느라 정작 흔한 종류는 관심이 없었다. 그러다 보니 막상
본격적인 실험을 시작하려 할 때 흔한 종류가 많이 빠져
곤란을 겪었다.

그때만 해도 나는 주말이 되면 가끔 부모님을 뵈러 고향
집에 다녀왔는데, 갈 때마다 집 뒷산으로 식물 구경을 다
녔다. 10월 어느 날 산길을 걷다가, 작고 예쁜 자주색 꽃이
핀 식물을 발견했다. 용담과 식물의 특징을 잘 모르던 터
라, 어떤 종류인지 알고 싶어 몇 개체를 학교로 가져왔다.
다음 날 선배에게 식물 이름을 물어보니 어디서 났느냐고
되물었다. 알고 보니 선배가 흔하다고 지나친 자주쓴풀이
었다. 자주쓴풀이 자라는 정확한 장소를 알기에 고향 집을
방문할 때면 잎과 꽃, 종자 등 필요한 부위를 생체로 가져
올 수 있었다. 그렇게 채집한 개체는 선배의 논문에 관찰
한 증거 표본 정보로 기록됐다.

자주쓴풀이 크게 군락을 이루고 자라는 곳은 주로 석회
암 지대다. 특히 백운산에는 정상부터 입구까지 바위 절벽
을 경계로 난 등산로를 따라 연속적인 분포를 보였다. 우
리나라에 자라는 쓴풀속Swertia 식물은 일곱 종류가 있는

데, 자주쓴풀을 제외하면 대부분 분포가 제한적이고, 점박이별꽃풀과 별꽃풀은 북한에만 자란다.

자주쓴풀과 형태적으로 가장 비슷한 쓴풀은 꽃이 흰색이고, 꽃잎 표면에 연한 자색 줄이 있다. 쓴풀이란 우리 이름은 '뿌리의 맛이 쓰다'는 데서 유래했으며, 자주쓴풀은 '줄기와 꽃이 자주색인 쓴풀'이라는 뜻이다. 자주쓴풀의 속명 *Swertia*는 네덜란드 식물학자 에마누엘 스베르트Emanuel Swert의 이름에서 유래했으며, 종소명 *pseudochinensis*는 '이름이 chinensis(중국에서 자란다)인 종류와 비슷하다'는 의미다. 한방에서는 자주쓴풀 전초를 당약當藥이라 하며, 식욕 증진과 골수염, 인후염, 편도선염, 결막염, 옴이나 버짐 등에 사용한다.

유사종 : 쓴풀(사진 윤연순)

용담과

지방명 털쓴풀, 흰자주쓴풀
분포 거의 전도
용도 약용
특기 사항

자주쓴풀 *Swertia pseudochinensis* H. Hara

두해살이풀로 뿌리는 쓴맛이 강하고, 줄기는 곧추서며 약간 네모진다. 높이 15~30cm, 전체에 털이 없고 진한 자색을 띤다. 잎은 마주나고 좁은 피침형이나 피침형이다. 길이 2~4cm에 너비 3~8mm로 양 끝이 뾰족하고, 잎맥이 1~3개 있으며, 잎자루는 없다. 9~10월에 청자색 꽃이 줄기 윗부분에 모여 원추꽃차례를 형성하며 위쪽부터 핀다. 꽃받침조각은 넓은 선형이나 선상 피침형이다. 꽃은 5(4)개로 깊게 갈라지고, 각각에 짙은 자색 줄이 있으며, 아래에 분비털이 있다. 열매는 삭과, 씨는 거의 둥글다.

26

함백산과 만병초

10월 4일

정선군과 태백시에 걸쳐 있는 함백산(1573m)은 국내에서 여섯 번째로 높은 산이다. 함백산 등반은 보통 국내에서 자동차로 올라갈 수 있는 가장 높은 고개인 만항재(1330m)에서 시작한다. 함백산 정상에서 금대봉 방향으로 가는 능선 길은 세계 어느 곳과 견줘도 손색이 없을 만큼 아름답다. 꽃이 필 때도 좋지만, 만항재에서 출발해 함백산 정상을 지나 중함백(1505m)과 샘물쉼터를 거쳐 적조암으로 내려와 지방도 414호선을 만나는 약 5.3km 가을 산행 코스

주목 노거수

정상부 가을 모습

를 추천한다.

만항재에서 도로변 능선을 따라 난 길을 2km 정도 걷다
보면 삼각 지점을 만나는데, 이곳부터 1km 가면 정상이
다. 등산로 주변에는 신갈나무와 물푸레나무, 붉은병꽃나
무와 산딸기, 호랑버들 등이 있고, 초본은 넓은외잎쑥, 대
사초, 노루오줌, 뱀고사리, 산꼬리풀 등이 자주 눈에 띈다.
정상에는 앙상한 줄기만 남은 실새풀이 돋보이고, 가끔 분
비나무와 일본잎갈나무, 진달래, 각시취 등이 있다.

물박달나무 군락

    금대봉 쪽으로 가는 능선 길로 접어들면 산림유전자원보
호림 안쪽으로 아름드리 주목이 나타난다. 여러 가지 병을
고친다는 만병초의 싱싱한 잎도 때때로 만난다. 함백산 정
상에서 1.2km 가면 중함백이 있다. 이곳부터 적조암 방향
으로 갈라지는 샘물쉼터까지 내리막길이 계속된다. 열매
가 농익은 투구꽃이 자주 보이고, 환한 숲길 너머로 마가
목 붉은색 열매도 있다. 복장나무 단풍도 볼만하다.
    한참 내려가면 물박달나무 군락이 눈에 들어오고 숲 안

참회나무 열매

쪽에는 고사리삼, 관중, 광릉갈퀴가 많이 자란다. 조금 더 내려가면 해발 1301m에 샘물쉼터가 있다. 이곳에서 야광나무 아래 서쪽으로 보이는 적조암 방향 희미한 길을 따라 내려가야 한다. 정암사로 가는 길은 붉은색 계통의 당단풍나무와 개시닥나무가 많고, 아름드리 신갈나무와 마가목이 가끔 길을 안내한다. 계곡 주변에서 함박꽃나무, 노루삼, 참회나무, 생강나무 등의 열매도 만날 수 있다.

만 가지 병을 고친다는 명성 때문에 만병초가 자라는 곳이 알려지면 금세 사라지고 만다. 병을 고친다는 말은 독성이 있다는 말이니 함부로 사용하지 않기 바란다. 만병초는 진달래속Rhododendron에 든다. 지금까지 진달래속에 드는 종류를 가장 많이 만난 곳은 말레이시아 보르네오Borneo섬에 있는 키나발루Kinabalu산(4095.2m)이다. 이 산의 대표적인 식물로 알려진 진달래속 종류는 해발 3800~4000m 고산지 작은키나무들이 사는 곳에 주로 있었는데, 24종류가 자라고 5분류군은 특산종이라고 한다.

우리나라에 자라는 진달래속 식물은 11종류가 있는데, 크게 두 그룹으로 나눈다. 하나는 잎이 상록성이고 두꺼운 종류로 높은 산에 많이 자라는 만병초와 노랑만병초, 백산차, 황산차, 석회암 지대에서 자라고 참꽃나무겨우살이라고도 불리는 꼬리진달래 등 5종류다. 다른 하나는 낙엽성이고 막질인 종류로 진달래와 철쭉, 참꽃나무 등이다. 그러다 보니 생김새만 보면 두 그룹은 전혀 다른 식물 같다.

우리나라에 자라는 만병초 종류는 연한 황색 꽃이 피는 노랑만병초와 짙은 홍색 꽃이 피는 홍만병초로 나누는데, 후자는 꽃 색깔의 연속 변이로 취급되기도 한다. 홍만병초는 아직 보지 못했지만, 2012년 백두산 천지 근처에서 만난 노랑만병초는 기억에 생생하다. 기암절벽으로 둘러싸인 천지와 짙푸른 물, 노란 꽃이 조화로웠기 때문이다. 우리나라에서 만병초를 처음 만난 곳은 설악산이다. 아주 작고 꽃도 없는 개체여서 그다지 관심을 끌지 못했다. 울릉도에서 활짝 핀 연한 홍자색 꽃 10여 송이가 달린 모습을 본 순간은 잊을 수 없다.

함백산에는 주목이 보이는 숲속에 만병초 몇 개체가 자란다. 아름다운 꽃과 상록성 잎 때문인지 몰라도 만병초 종류는 원예종으로 많이 개발됐다. 제주도의 식물원 같은 곳에 꽃 색깔이 다양한 원예종이 있다.

만병초의 속명 *Rhododendron*은 그리스어 rhodon(장미)과 dendron(나무)의 합성어로, '붉은 꽃이 피는 나무'라는 뜻이다. 처음에는 협죽도의 이름이었다가 진달래 종류의 이름으로 바뀌었다. 종소명 *brachycarpum*은 '열매가 짧다'는 의미다. 한방에서 만병초와 노랑만병초 잎은 우피두견牛皮杜鵑이라 하며, 이질과 설사 치료, 각종 통증 완화, 항균, 심장의 수축을 도와 혈압을 내리는 데 사용한다.

유사종 : 노랑만병초

진달래과

지방명 뚝갈나무, 들쭉나무, 붉은만병초, 큰만병초, 홍뚜깔나무, 홍만병초, 흰만병초

분포 강원, 경북, 전남, 양강, 자강, 평북, 황남, 황북

용도 약용, 관상용

특기 사항 식물구계학적 특정 식물 Ⅲ등급

만병초 *Rhododendron brachycarpum* D. Don

상록성 활엽 떨기나무로 높이 1~3m, 줄기는 회백색이며 불규칙하게 벗겨진다. 잎이 뻣뻣하고 어긋나며, 가지 끝에는 모여난다. 잎은 긴 타원형이나 타원형으로, 길이 8~20cm에 너비 2~5cm다. 잎끝이 둔하고 밑은 둥글거나 얕은 심장 모양이며, 가장자리는 밋밋하고 뒤로 말린다. 잎자루는 1~3cm, 잎 뒷면에 회갈색이나 연갈색 털이 빽빽하다. 꽃은 깔때기 모양이고 5개로 갈라지며, 안쪽 위에 녹색 반점이 있다. 7월에 흰색에서 연한 홍자색으로 피고, 5~15송이가 모여 총상꽃차례를 만든다. 열매는 삭과로 원기둥꼴이다.

27
발왕산과 마가목

10월 15일

발왕산(1458m)은 스키장과 워터파크, 스카이워크 등을 갖춘 모나파크용평이 자리하고 정상까지 우리나라에서 가장 긴 케이블카(3.7km)로 이동할 수 있지만, 평창군과 동부지방산림청이 조성한 등산로도 있다. 계곡 길 2.4km, 능선 길 3.2km를 포함한 5.6km 거리다.

용산리를 거쳐 곧은골을 따라 올라가다 보면 거의 끝 지점에 발왕산 등산 안내도가 있다. 작은 다리를 건너면 발왕산 정상 나무 팻말이 보이고 이곳부터 등산로가 시작된

숲길 안내도

곧은골 등산길 입구

큰흰적골과 윗곧은골 갈림길

다. 능선 길을 따라 300m쯤 가면 갈림길이 나온다. 왼쪽
으로 가면 큰흰적골이고, 오른쪽은 윗곧은골로 난 능선 길
이다. 계곡 길을 따라 올라가 능선을 만난 다음 정상을 밟
고 내려와 능선 길을 따라 시작점으로 돌아오는 코스다.

　계곡을 지나 물소리가 점점 멀어지면 길은 북사면으로
올라붙는데, 등산로가 지그재그라 오르기 쉽다. 등칡 줄기
가 얽히고설켜 동아줄처럼 늘어진 모습은 사람 손이 타지
않은 곳임을 알려준다. 고도가 높아지면서 신갈나무 키는

사스래나무

작아지고, 고산성인 사스래나무와 분비나무가 보이기 시작한다. 해발 1200m 부근부터 마가목 붉은 열매가 주렁주렁 달렸다. 수리취와 서덜취, 참취, 구와취, 당분취, 곰취 같은 취 종류, 깊은 산 숲속에서 자라고 고급 산채로 알려진 병풍쌈이 이따금 나타나 산행을 즐겁게 한다.

능선이 훤히 보일 즈음 눈앞에 주목 군락이 나온다. 정상부 산책로에 있는 주목은 제각각 고운 이름을 얻었지만, 이곳 군락은 자연 그대로다. 정상 주변에는 분비나무와 붉

능선부 분비나무 고사목

은병꽃나무, 함박꽃나무, 백당나무 그리고 짚신나물과 실새풀이 많다.

하산은 윗곧은골로 한다. 능선을 따라 서쪽으로 10여 분 가다 보면 길은 북쪽으로 틀어진다. 이 길은 계속 끊어졌다 이어졌다 하고, 이내 제대로 된 길을 만나면 오른쪽 사면은 낭떠러지고 왼쪽 사면은 편평하다.

마가목 하면 오대산 정상 근처에서 껍질이 완전히 벗겨진 채 외롭게 서 있던 개체가 생각난다. 예부터 약용으로 관심을 받은 마가목은 이렇게 훼손된 개체가 많은데, 요즘은 상황이 좀 바뀌었다. 마가목을 가로수로 심는가 하면, 가을에는 높은 산에서 가장 아름다운 열매가 달리는 종류로 인정받는다.

마가목 껍질로 만든 차를 마셔본 적이 있다. 한약 냄새나 단맛이 아니라 약간 부드럽고 아린 맛을 느꼈는데, 입에서 감도는 향이 꽤 오래갔다. 요즘도 그 식당에 가면 후식으로 커피 대신 마가목차를 주문해 마신다.

꽃이 희고 잎이 피침형인 마가목은 한동안 마가목속*Sorbus*과 잎 모양이 비슷하다고 이름 붙인 쉬땅나무속*Sorbaria*의 쉬땅나무라 부르기도 했지만, 지금은 다른 종으로 취급한다. 우리나라에 자라는 마가목속 식물은 마가목, 당마가목, 산마가목이 있다. 이들은 겨울눈과 가지에 털이 있는지, 복엽을 구성하는 소엽이 몇 장인지에 따라 나뉜다. 마가목의 가지와 겨울눈에는 털이 없다. 그러나 잎 뒷면 털의 형태에 따라 주맥에 흰 털이 있는 것을 잔털마가목, 성긴 털이 있는 것을 왕털마가목, 갈색 털이 분포하는 것을 녹마가목이라 하여 변종으로 구분하기도 한다.

마가목이란 우리 이름은 봄에 올라오는 새순이 말 이빨처럼 생겼고 '힘차게 솟아올라 자란다'는 뜻에서 마아목馬牙木으로 불리다가, 세월이 지나며 마가목이 됐다고 한다. 마가목의 속명 *Sorbus*는 고대 라틴어 이름이다. 종소명 *commixta*는 '혼합하다' '섞다'라는 뜻으로, 꽃과 열매가 여러 개 달린 모습을 표현한 것 같다.

한방에서는 마가목과 당마가목 껍질과 열매를 천산화추天山花楸라 한다. 폐결핵에 따른 기침과 천식, 위염과 복통, 비타민 A·C 결핍증에 좋고, 여름에 차로 마시면 갈증을 해소하고 더위를 잊게 한다.

유사종 : 쉬땅나무

장미과

지방명 은빛마가목, 넓은잎 당마가목, 차빛당마가목, 엷은털마가목, 잔털마가목

분포 강원 이남, 황남

용도 약용, 관상용

특기 사항 식물구계학적 특 정 식물 Ⅱ등급

마가목 *Sorbus commixta* Hedlund

낙엽활엽 작은큰키나무로 높이 6~8m, 겨울눈에 점성이 있 다. 잎은 어긋나고 소엽 9~13장으로 된 복엽이다. 소엽은 긴 타원 모양 피침형으로, 길이 2.5~8cm에 너비 1~2.2cm다. 끝이 길게 뾰족해지고 가장자리에 날카로운 톱니가 있으며, 뒷면은 연녹색이나 흰빛을 띤다. 5~6월에 흰 꽃이 가지 끝에 복산방꽃차례로 달린다. 꽃받침은 넓은 삼각형이고, 꽃잎은 5장으로 한쪽이 둥근 원형이다. 수술 20개, 암술 3~4개다. 열매는 이과(梨果)로 동그랗고, 지름 5~8mm로 10월에 붉게 익는다.

28

봉래산과 소사나무

10월 10일

이 몸이 죽어가서 무엇이 될꼬 하니

봉래산 제일봉에 낙락장송落落長松 되어 있어

백설白雪이 만건곤滿乾坤할 제 독야청청獨也靑靑하리라

영월 봉래산(799.8m)은 청령포와 함께 단종의 슬픈 역사
가 깃든 곳이다. 단종 복위에 실패한 성삼문이 처형되기
전에 남긴 시조에 봉래산이 등장한다. 지금은 정상에 별마
로천문대와 패러글라이딩 활공장이 있어 밤에는 별을 보

패러글라이딩

는 사람들로, 낮에는 하늘을 나는 사람들로 북적거린다.

영월은 우리나라 석회암 지대 한가운데 자리한 지질적 특성이 있다 보니, 봉래산에서 자라는 식물도 특이하다. 산행은 삼옥재에서 출발해 봉래산산림욕장 산책로를 거쳐 정상에 도착한 다음, 영월 읍내로 내려가는 6.1km 코스를 택한다.

포장된 길을 걷다가 산림욕장 안내소를 만나면 길은 속골 방향, 향토수목전시장 방향, 산책로 방향, 도로를 계속 따라가는 방향으로 나뉜다. 숲이 가장 자연스러워 보이는 산책로 방향으로 들어선다. 정상으로 이어지는 산책로에 돌리네doline가 있다. 땅속 석회암이 빗물이나 지하수에 녹으면서 만들어지는 깔때기 모양 지형이다. 약간 경사진 길에 소사나무가 보인다. 주로 바닷가에서 만나는 종류인데, 석회암 지대라는 특징 때문에 이곳에 자라는 것으로 추측된다.

정상에서 읍내로 가는 내려가는 길, 해발 570m 근처 나무 계단이 있는 곳부터는 석회암 지대에 분포하는 식물을 등산로 주변에 일부러 심어놓은 모습이다. 일단 소사나무가 가로수처럼 길옆을 채운다. 주변에 왕느릅나무와 회양목, 산팽나무, 당조팝나무, 노간주나무, 시베리아살구나

돌리네

무, 가침박달, 더위지기 등 목본, 자주쓴풀과 돌마타리, 방울비짜루, 지치, 산국 같은 초본도 함께 자란다.

 미국 필드자연사박물관Field Museum of Natural History에서 박사 후 연수 과정을 할 때 실험 대상은 서어나무속Carpinus과 개암나무아과Coryloideae 식물이었다. 2007년 스미소니언국립자연사박물관Smithsonian National Museum of Natural History에 방문 교수로 갔을 때도 같은 재료를 사용했다. 유

산국

전자가 달라 실험에는 별문제가 없었는데, 오래된 시료는
DNA를 추출하기 어려워 애먹었다. 그럴 때면 한국에 있
는 지인에게 도움을 청했다. 흔하고 분포 지역이 넓은 종
류라면 부탁해도 무리가 없겠지만, 특정 지역으로 가야 하
는 경우는 말로 표현할 수 없을 정도로 미안하다.

한번은 소사나무 시료 채취를 부탁했다. 당시만 해도 석
회암 지대 식물 연구가 그리 활발하지 않았고, 서해안과
도서 지역의 바위틈이나 능선의 건조하고 배수가 잘되는

곳에서 주로 자라는 소사나무의 습성 때문에 다소 무리가 따랐다. 친구는 흔쾌히 부탁을 들어줬다. 지금 생각해도 고마울 따름이다.

세상에 공짜는 없는 법, 귀국할 때쯤 그 친구가 나와 같은 실험실로 와서 우리 가족은 실험실과 미국 정착에 필요한 일을 도왔다. 요즘도 만나면 그때 이야기를 하면서 즐거운 시간을 보낸다.

우리나라에 자라는 서어나무속 식물은 다섯 종류인데, 분포로 보면 전국적으로 퍼진 까치박달이 가장 많다. 큼지막한 잎과 뚜렷한 잎맥, 열매를 완전히 감싸는 포가 다른 네 종류와 차이점이다. 서어나무와 긴서어나무는 잎 양면 측맥 사이에 털이 없어 다른 두 종과 구별되고, 두 종은 암꽃 꽃차례 길이와 포의 수에 따라 구별된다. 소사나무는 형태적으로 개서어나무와 비슷한데 잎은 맥이 10~12쌍 있고 달걀모양으로, 길이 3~5cm에 너비 2~3cm다. 잎끝이 뾰족하고 겹톱니가 있으며, 뒷면 맥 위에 털이 많다.

봉래산은 석회암 지대로 지금까지 만난 소사나무 군락 중 가장 크다. 별마로천문대 정상에서 서쪽 읍내 쪽으로 내려오는 등산로 능선 주변에 있다.

소사나무라는 우리 이름은 황해도 방언 소서목小西木에

서 기원한 것으로 추측한다. 소사나무의 속명 *Carpinus*는 옛 라틴어 이름이라고도 하며, 켈트어로 car(나무)와 pin(머리)의 합성어라고도 한다. 종소명 *turczaninowii*는 러시아 식물학자 니콜라이 스테파노비치 투르차니노프Nikolai Stepanovich Turczaninow(1796~1863)를 기념하기 위한 것이다. 한방에서 소사나무 뿌리 껍질은 대과천금大果千金이라 하며, 피로 회복과 종기에 사용하고, 소변을 잘 보지 못할 때 달여 먹으면 좋다.

유사종 : 개서어나무(사진 윤연순)

자작나무과

지방명 거문소사나무, 산서
나무, 산서어나무, 서나무, 섬
소사나무, 왕소사나무, 큰잎
소사나무, 쇠사슬나무

분포 강원, 경기, 경남, 경북,
전남, 경북, 충남, 평남, 함남

용도 약용

특기 사항 식물구계학적 특
정 식물 Ⅰ등급

소사나무 *Carpinus turczaninowii* Hance

낙엽활엽 작은큰키나무로 높이 4~8m, 잔가지와 잎자루에
털이 빽빽하다. 잎은 맥이 10~12쌍 있고 달걀모양으로, 길
이 3~5cm에 너비 2~3cm다. 잎끝이 뾰족하고 겹톱니가 있
으며, 뒷면 맥 위에 털이 많다. 턱잎은 선형으로 모여난다.
4~5월에 암꽃과 수꽃이 따로 피며, 수꽃 꽃차례는 길이
3~6cm다. 열매 줄기는 길이 3~5cm, 포는 8~16개가 달
린다. 포는 비대칭이고 달걀모양으로, 한쪽에 둔한 톱니가
발달하며 씨의 기부를 감싼다. 열매는 소견과(小堅果)로 달
걀모양이고 길이 5mm, 10월에 익는다.

29

홍천 약수봉과 자란초

6월 28일, 10월 27일

물줄기가 산을 휘감아 장관을 연출하는 홍천 수타사계
곡을 따라 산소길이라는 숲길이 있다. 뒤쪽으로 약수봉
(558m)이 자리하고, 정상부 능선을 따라 서석 방향으로 가
면 공작산(887m)을 만난다. 약수봉 산행은 수타사에서 출
발해 서부와 북부 능선을 따라 정상에 갔다가 동부 능선으
로 귕소와 용담을 거쳐 수타사로 돌아오는 약 5.7km 코스
다. 산소길을 걸어 귕소출렁다리를 건너고, 약수봉 등산로
로 접어들어 10여 분 오르면 능선 길이 나온다. 세 갈래 길

궝소출렁다리

산일엽초

에서 정상 쪽으로 향하면 길은 점점 돌과 바위로 울퉁불퉁한데, 사면에 산일엽초가 보이고 바위틈으로 바위채송화와 기린초, 털중나리가 예쁜 꽃을 피운다.

정상부는 굴참나무가 많고 소나무, 떡갈나무, 신갈나무 등 큰키나무가 에워싼다. 약수봉 정상에서 동쪽으로 보이는 높은 봉우리가 공작산이다. 하산은 서쪽 능선 길로 한다. 수타사 주차장까지 거리는 약 3.6km나 되지만, 중간중간 골짜기를 따라 내려가는 길이 잘 만들어졌다.

바위채송화

첫 번째 갈림길은 수타사까지 1.1km가 표시된 곳이다. 와동고개에 있는 두 번째 갈림길로 내려가면 가래나무, 층층나무, 멸가치, 물봉선, 이삭여뀌, 미나리냉이 같은 습지 식물을 만난다. 자란초 군락이 눈에 띈다. 계곡이 끝나면 길이 넓어지고 주변은 밤나무와 잣나무, 소나무가 우점하는데 밤꽃 향기가 물씬 풍긴다. 계곡 길과 최종적으로 만나는 곳은 수타사로 건너가는 다리 앞이다.

능선 길 소나무 숲

꿀풀과에 드는 자란초는 주로 충북 이남에서 자생하는 우리나라 특산 식물이다. 국가표준식물목록에 따르면 우리나라에 자라는 금창초속*Ajuga* 식물에는 금창초, 조개나물, 분홍꽃조개나물, 자란초가 있다. 꽃 색깔 변이에 따라 금창초와 조개나물에 많은 품종을 새로 기재하는 학자도 있지만, 연속적인 변이로 보는 견해가 많아 대부분 모종으로 통합됐다. 2014년 우리 연구실에서 자란초속 식물의 분류학적 연구를 수행해 석사 학위논문을 출판했는데, 외부 형태나 잎과 종자의 미세 형태, 화분 형태, 분자계통학적 연구 결과로 이를 뒷받침했다.

금창초와 분홍꽃조개나물은 줄기가 땅을 기어가듯 자라는데, 금창초는 로제트 모양 뿌리에서 나는 잎이 있고 분홍꽃조개나물은 뿌리에서 직접 나오는 잎이 없다. 조개나물과 자란초는 줄기가 똑바로 자란다. 조개나물은 잎이 1.5~3cm고 줄기에 털이 빽빽하며, 자란초는 잎이 9~18cm로 길고 줄기에 털이 거의 없다.

자란초紫蘭草라는 우리 이름은 '자색 꽃이 피는 난초 같은 풀'이라는 뜻으로, 꽃의 아름다움을 표현했다. 활짝 핀 꽃을 위에서 보면 마치 경비행기가 날아가는 듯하고, 갈라진 꽃잎에 있는 자색 줄 2~3개가 강한 인상을 주어 난초의 꽃에 비유한 이름을 지은 것 같다. 약수봉 계곡 주변 습지에 자란초가 큰 군락으로 자라는데, 너무 오랜만에 만나서 반가움이 컸다. 시기가 늦어 활짝 핀 꽃은 보지 못했지만, 새로운 자생지를 발견한 것만으로 좋다.

자란초의 속명 *Ajuga*는 그리스어 a(없다)와 jugos(한 쌍, 짝)의 합성어로, 꽃의 특징을 '쌍으로 되지 않는다'고 설명한 듯하다. 종소명 *spectabilis*는 '아름다운' '장관'이라는 뜻으로, 꽃의 아름다움을 표현한 이름이다. 한방에서는 꽃줄기를 말려 이뇨제로 사용한다.

사진 윤연순

유사종 : 조개나물

꿀풀과

지방명 자난초, 큰잎조개나무, 큰잎조개나물

분포 강원, 경기, 충북, 전북, 전남, 경남, 경북

용도 약용

특기 사항 한국 특산 식물, 식물구계학적 특정 식물 Ⅱ등급

자란초 *Ajuga spectabilis* Nakai

여러해살이풀로 줄기는 곧추서고 높이는 50cm 내외, 땅속줄기가 옆으로 뻗어 자란다. 잎은 마주나고, 줄기 밑 부분 잎은 위로 갈수록 커진다. 모양은 타원형으로 길이 9~18cm에 너비 5~9cm, 끝은 길게 뾰족해지고 밑은 좁아져 잎자루로 흐르며, 가장자리에 불규칙한 톱니와 털이 있다. 6월에 짙은 자색 꽃이 피고, 줄기에 달리는 총상꽃차례에 모여 자란다. 꽃받침은 종형으로 5개로 갈라지고, 통처럼 생긴 입술모양 꽃은 2~3개로 갈라진다. 열매는 소견과로 둥글고 겉이 주름지며, 8월에 익는다.

30

소금산과 산초나무

11월 30일

남한강 지류인 섬강과 삼산천이 만나는 원주시 지정면에 소금산(343m)이 있다. 이곳에는 '작은 금강산'이라는 이름답게 기암절벽과 아름다운 자연을 한눈에 담을 수 있도록 길이 200m에 높이 100m, 폭 1.5m 출렁다리와 지상 225m 높이 절벽에 잔도를 조성해 많은 사람이 찾는다.

주차장에서 20분 남짓 걸으면 출렁다리로 가는 첫 번째 계단을 만난다. 출렁다리 입구까지 578개 나무 계단을 올라가야 한다. 출렁다리 입구에서 출렁다리로 가는 길과 되

간현관광지캠핑장에서 올려다본 소금산출렁다리(위)와 소금산출렁다리에서 본 섬강 전경

쪽동백나무 열매

돌아가는 나무 데크 길로 나뉜다. 고소공포증이 있는 사람
을 배려한 듯하다. 다리에서 바라보는 주변 경관이 아름답
기 그지없다. 굽이굽이 흐르는 강줄기가 더 그렇다.

출렁다리를 건너 등산로에 접어들면 개옻나무, 쪽동백
나무, 층층나무, 생강나무 등이 보이고, 가끔 커다란 산벚
나무와 노간주나무도 눈에 띈다. 정상부는 나대지로 휑하
지만, 주변에 신갈나무와 산초나무가 많고 때때로 소나무,
진달래, 노간주나무도 만난다.

생강나무 열매

노간주나무

　정상에서 내려갈 때는 올라온 길을 되돌아가거나 야영
장으로 내려가는 길을 선택하는데, 두 길을 제외한 방향은
온통 절벽이라 위험하다. 캠핑장으로 내려가는 404철계단
중에서 처음 만나는 33철계단은 경사가 80~90°나 된다.
캠핑장에 도착해 다리를 건너면 산행한 길을 올려다볼 수
있다. 강을 따라 10여 분 내려가면 처음 출렁다리로 올라
간 산길 시작점을 만난다.

간현관광지캠핑장에서 올려다본 소금산출렁다리(사진 유기천, 8월 29일)

추어탕을 파는 식당에 가면 후춧가루와 비슷한 통에 '제피'나 '제피 가루'라고 씌어 있다. 이 가루는 향이 후추보다 강하고 맛도 진하다. 이 향과 맛을 좋아하는 사람들이 추어탕을 즐겨 먹는다. 이 가루가 산초나무와 초피나무의 열매를 간 것이다.

산초나무는 전국적으로 분포하지만, 초피나무는 우리나라 남쪽이나 바닷가처럼 따뜻한 곳을 좋아한다. 지방에서 초피나무는 전피, 제피나무, 상초나무, 천초라고 불리므로 '제피'는 초피나무를 뜻한다. 그런데 두 종류가 분포하는 곳이 다르니 초피나무가 많은 남쪽에서는 그 열매를, 초피나무가 없는 지역에서는 향이 비슷한 산초나무 열매를 사용한다. 양념 뚜껑에 붙은 '제피'라는 글씨는 같아도 내용물은 지역에 따라 다르다는 말이다.

소금산에 분포하는 산초나무는 등산로 능선 주변과 정상부에서 만나기 쉽다. 두 종류가 포함되는 운향과Rutaceae는 잎과 열매껍질에 에테르계 물질을 분비하는 샘이 있어, 기름 성분이 많다고 한다. 오렌지나 자몽, 귤도 운향과에 든다. 그러다 보니 산초나무와 초피나무 열매는 가루로 이용하지만, 기름을 짜기도 한다. 향이 좋은 어린잎과 꽃줄기는 간장 절임을 비롯해 여러 가지 용도로 쓰인다.

산초나무와 초피나무의 가장 큰 차이점은 가시와 꽃, 잎에 있다. 산초나무는 가지에 달리는 가시가 어긋나고, 꽃잎이 있으며, 잎 가장자리에 둔한 톱니가 있다. 초피나무는 가시가 마주나고, 꽃잎이 없으며, 잎 가장자리에 물결 모양 톱니가 있다.

산초나무라는 우리 이름은 한방에서 쓰는 이름 산초山椒에서 유래했다. 산초나무의 속명 *Zanthoxylum*은 xanthos(황색)와 xylon(목재)의 합성어다. 종소명 *schinifolium*은 '옻나무과Anacardiaceae *Schinus*속 식물의 잎과 비슷하게 생겼다'는 뜻으로, 잎 전체 모양을 표현한 이름이다. 한방에서 산초나무는 머귀나무, 민머귀나무와 함께 열매껍질을 야초野椒라 하며, 통증을 없애고 피부염을 치료하는 데 사용한다.

유사종 : 초피나무

운향과

지방명 분디나무, 분지나무, 상초나무, 산추나무, 민산초나무

분포 거의 전도

용도 식용, 약용

특기 사항

산초나무 *Zanthoxylum schinifolium* S. et Z.

낙엽활엽 떨기나무로 높이 3m, 어린 가지는 적갈색이며 어긋나는 가시가 있다. 잎은 어긋나고 11~19장으로 된 복엽이다. 소엽은 긴 타원형으로 길이 1~5cm, 너비 6~15mm다. 양 끝이 좁아지며 가장자리에 둔한 톱니가 있고, 톱니 사이에 기름을 분비하는 샘이 있다. 잎이 달리는 축에는 잔가시가 있다. 암수딴그루로 황록색 꽃이 피며, 가지 끝에 산방꽃차례로 달리는데 작은 꽃자루는 마디가 있다. 꽃잎은 길이 2mm로 긴 타원형이다. 열매는 삭과로 둥글고 10월에 익으며, 안쪽에 검은 씨가 들었다.

| 참고 문헌 |

강상수, 백원기, 이우철, 장근정, 유기억. 2006. 복계산의 식물상과 식생.
　　한국환경생태학회지 20: 208-226.

국립생태원. 2018. 한국의 최신 식물구계학적 특정종. 지오북, 서울.

국립수목원. 2012. 석회암지대의 식물. 지오북, 서울.

국립수목원. 2012. 한국 희귀식물 목록집. 지오북, 서울.

국립수목원. 2017. 국가표준식물목록(개정판). 삼성애드컴, 서울.

김승미. 2015. 희귀식물 대성쓴풀(*Anagallidium dichotomum*) 개체군의
　　환경특성과 분류학적 연구. 강원대학교 석사학위논문, 춘천.

김은규. 2013. 한국의 염생식물. 자연과생태, 서울.

김현희. 2014. 한국산 조개나물속(*Ajuga* L.)의 분류학적 연구. 강원대학
　　교 석사학위논문, 춘천.

안덕균. 2003. 원색 한국본초도감. 교학사, 서울.

오병운 등. 2016. 한국 관속식물분포도. 국립수목원, 포천.

원주지방환경청. 2009. 대암산 용늪 동·식물 현황 자료집. 대양인쇄, 원주.

유기억. 2013. 특징으로 보는 한반도 제비꽃. 지성사, 서울.

윤연순, 김경아, 유기억. 2015. 개병풍 자생지의 환경특성. 자원식물학회지
　　28: 64-78.

이영로. 2006. 새로운한국식물도감. 교학사, 서울.

이우철, 유기억. 1987. 강원도 민통선북방지역의 식물상. 민통선북방지역 자원조사보고서, 강원도.

이우철. 1982. 강원도의 희귀식물자원. 강원출판사, 춘천.

이우철. 1996. 원색한국기준식물도감. 아카데미서적, 서울.

이우철. 2005. 한국식물명의 유래. 일조각, 서울.

이창복. 1969. 우리나라의 식물자원. 서울대학교 논문집(생농계). pp. 89-222.

이창복. 1976. 한국의 관속식물 유용도. 서울대학교 관악수목원연구보고. 서울대.

이창복. 2003. 원색대한식물도감. 향문사, 서울.

이창숙, 이강협. 2018. 한국의 양치식물. 지오북, 서울.

장수길. 천경식, 정지희, 김진수, 유기억. 2009. 모데미풀 자생지의 환경특성과 식생. 환경생물 27:314-322.

정규영, 장계선, 정재민, 최혁재, 백원기, 현진오. 2017. 한반도 특산식물 목록. 식물분류학회지 47: 264-288.

조창구. 1998. 청옥산-두타산 남사면 일대의 식물상과 식생. 강원대학교 교육대학원 석사학위논문, 춘천.

한국식물지편집위원회. 2018. 한국속식물지. 홍릉과학출판사, 서울.

식물학자 유기억 교수의

그 산 그 꽃

펴낸날 2022년 4월 28일 초판 1쇄
지은이 유기억
만들어 펴낸이 정우진 강진영 김지영
꾸민이 Moon&Park (dacida@hanmail.net)
펴낸곳 04091 서울시 마포구 토정로 222 한국출판콘텐츠센터 420호
편집부 (02) 3272-8863
영업부 (02) 3272-8865
팩 스 (02) 717-7725
이메일 bullsbook@hanmail.net / bullsbook@naver.com
등 록 제22-243호.(2000년 9월 18일)
ISBN 979-11-86821-72-5 (03480)

황소걸음
Slow&Steady

ⓒ 유기억 2022